海上风电并网调度管理模式研究

闫 健 著

科学技术文献出版社
SCIENTIFIC AND TECHNICAL DOCUMENTATION PRESS
·北京·

图书在版编目（CIP）数据

海上风电并网调度管理模式研究 / 闫健著. —北京：科学技术文献出版社，
2020. 11
ISBN 978-7-5189-7408-5

Ⅰ.①海… Ⅱ.①闫… Ⅲ.①海上—风力发电系统—电力系统调度—管理
模式—研究 Ⅳ.① TM62

中国版本图书馆 CIP 数据核字（2020）第 241239 号

海上风电并网调度管理模式研究

策划编辑：张 丹　　责任编辑：李 鑫　　责任校对：文 浩　　责任出版：张志平

出 版 者　科学技术文献出版社
地　　址　北京市复兴路15号　邮编　100038
编 务 部　(010) 58882938, 58882087（传真）
发 行 部　(010) 58882868, 58882870（传真）
邮 购 部　(010) 58882873
官 方 网 址　www.stdp.com.cn
发 行 者　科学技术文献出版社发行　全国各地新华书店经销
印 刷 者　北京九州迅驰传媒文化有限公司
版　　次　2020 年 11 月第 1 版　2020 年 11 月第 1 次印刷
开　　本　710×1000　1/16
字　　数　175千
印　　张　11
书　　号　ISBN 978-7-5189-7408-5
定　　价　48.00元

前　言

随着世界各国对能源结构、环境污染、生态变化等一系列问题的高度关注，加快发展新能源建设已成为世界各国推动能源转型发展、应对全球气候变化的普遍共识。由于海上风电这种典型的新能源具有随机性、波动性、间歇性、反调峰等特点，其并网难度大、成本高、建设环境复杂，大规模集中并网后对海上风电机组技术水平也提出了更高要求，同时给电网安全稳定运行带来了巨大挑战。

本书将海上风电并网调度管理模式作为主要研究对象，基于离散混合 Petri 网理论确定了海上风电并网调度管理流程，构建了海上风电并网调度管理关系模型，揭示了调度与负载、调度与风接纳能力、调度与预测之间的关系。首先，对海上风电功率进行预测，利用改进 K-近邻算法和 K-均值聚类算法分别构建风电功率预测模型，按照海上风电数据特点，确定了对不同海上风电进行功率预测更为有效的方法；其次，对海上风电并网调度不同的模式管理进行研究，建立不同调度模式下的管理流程，分析不同调度管理模式的适用条件，建立不同调度管理机制，提出不同调度管理策略；最后，利用 IEEE 118 海上风电并网系统对上述提出的预测方法和调度模型进行实证分析。

本书对海上风电并网调度管理模式的研究有助于有效落实国家节能减排工作，提升我国风电发展整体技术水平；有助于国家电网合理调配电网电量，充分利用新能源电力。对促进未来海上风电场并网建设、治理环境污染和建设绿色社会具有重要的现实意义；对新能源电力企业管理理论的发展也具有一定的学术价值。

目　录

第1章 绪 论

1.1 研究背景

　　随着世界经济的快速发展和人口数量的不断增长，能源作为人类生存和发展的重要物质基础，其需求在不断增加，地球上可开发并能够利用的化石能源正在逐渐走向枯竭。预计到 21 世纪中叶，全球将暴发能源危机，能源短缺和环境污染引起了世界各国的高度重视。为了实现能源的可持续发展，世界各国纷纷开始开发可持续利用的清洁能源，如风能、太阳能、潮汐能、地热能、生物质能等可再生能源，世界能源的格局和发展进入了一个崭新的阶段[1]。我国的发电结构中，火电比例过大、燃料资源缺乏和环境污染问题尤为显著，因此，必须加大新能源发电的开发力度，实现能源的可持续发展。

　　我国幅员辽阔，具有丰富的风能资源，其中，海上风能极为丰富，地球上 3/4 的面积被海洋覆盖，其风能资源的效益要比陆地风电场高，海上风电场具有很多显著优点，加之对人类活动的影响较小，房屋建筑物限制也较少，空间非常广阔，非常适于大型化的风电机组开发，且海上没有静风期，使风电机组的利用效率提高。在海平面上，海平面的高度与风速的变化密切相关，在海平面上安装的风电机组不需要很高的塔架，这大幅降低了机组的安装成本。因此，全球风电场建设已出现从陆地向近海发展的趋势，可见，海上风力发电（简称风电）与其他新能源发电形式相比，具有更广阔的应用和发展前景，海上风电已经成为未来风电开发的主战场，大力发展海上风电技术是改善我国能源结构和环境质量的一项重要举措。

　　我国的资源分布特点决定了海上风电将逐步向大规模、集中化的方向发展，同时，海上风电具有随机性、间歇性、波动性、反调峰等特点，与常规能源发电有很大不同，大规模集中并网后将给电网的安全运行带来巨大挑战[1]。自 1980 年商业化风机开始使用，单机容量仅为 30 kW，目前，单机容量已达 6 MW，叶轮直径也由 15 m 增加到 127 m，由此可见，单机容量增加了近 200 倍，叶轮直径也增加了近 10 倍。计划到 2020 年，单机容量将达 15 WM，叶轮直径将达 200 m，这将意味着未来电网对运行安全性和稳定性的要求更加严格[2]。

风电的快速发展，对电力系统工作人员提出了严峻的考验，同时增加了调度难度，以往的调度管理模式已经不能完全适应风电的快速发展，如何基于现有电力网络对海上风电进行规划和设计、产品定位、风能预测、优化调度规划[3]，是实现资源的充分有效利用和系统安全经济运行的支撑和保障。

基于此，本书将基于数值天气预报、时间序列法、聚类分析、机器学习等多种计算方法，对海上风电这种典型的新能源进行研究，分析其关键属性及并网调度后对电力系统运行的影响，以保障系统安全可靠、经济运行、提高能量利用效率为目标，对其大规模集中并网进行研究，主要包括海上风电发电功率预测、功率预测误差分析、经济调度、节能调度等关键问题，通过分析风速、风向对发电功率的影响，建立预测模型并进行优化，降低功率预测误差，从而进一步优化能源调度规划，形成比较完善的海上风电并网调度管理模式架构，为电网工作人员合理调配电网电量，最大限度地利用新能源电力提出新方法和新思路，对未来海上风电投放和保护生态环境具有深远意义。

1.2 研究目的及意义

1.2.1 研究目的

海上风电在未来的风电产业中越来越被重视，地位也越来越高，因此，它将在未来能源结构中发挥积极作用并做出巨大贡献。但目前，我国电力系统也面临一些问题，如如何科学合理调度规划风电能量、提高风电利用效率、推动节能减排等[4]。在未来，随着风电场并网不断增大，装机规模也将不断扩大，风电在可再生能源中的占比也将不断增加，风电在电力需求中占的比重逐渐增大，重视海上风电的发展，使之科学、高效、合理地调度规划，对电力系统稳定运行、提高风电利用率至关重要。

基于以上分析，本书研究的目的是为了提高海上风电利用效率、降低电网的运营成本，使我国电力系统的发电与用电达到动态平衡。通过对海上风电的调度管理模式特点进行分析，使海上风电利用率最大化，进一步优化我国能源结构构成和提高环境质量，尽力解决目前我国电力系统发电与用电的不均衡性，为电网工作人员合理调配电网电量、最大限度地利用新能源电力提出新方法、开拓新思路。

1.2.2 研究意义

本书运用海上风电并网的离散混合 Petri 网理论、统计分析理论和成本管理理论，通过建立科学合理的海上风电并网调度管理模式，解决目前我国电力系统发电与用电的不均衡性，且对促进未来海上风电场并网建设、提升风电技术发展水平、加快新能源电力企业管理理论的发展具有一定的学术价值；对新能源的有效利用、优化能源结构、保护生态环境、保障能源安全等方面具有重要的现实意义。

1.3 国内外研究现状及评述

1.3.1 海上风电管理的研究现状及评述

1.3.1.1 海上风电管理的国外发展现状

欧洲沿海区域风能资源丰富，海上风能开发时间较早，绝大部分地区气候具有温和湿润的特点，这些优越的地理和气候条件为发展海上风电提供了良好的基础。早在 20 世纪中叶，一些欧洲国家就开始提出使用海上风能进行发电，随后，一批不同规模的海上风电场项目陆续建成。20 世纪 90 年代初，德国政府采取高额补贴的措施推动对可再生能源的利用，同时建立了一个较好的个人入股投资风电的机制；2006 年年底，德国通过了一项加快基础设施规划的法案，改变了电网投资和并网的责任。该法案规定附近的电网经营商必须负责接收海上风电场并网，同时要负担上网的技术和费用。德国是最具海上发展潜力的国家，其风电发展在全球居领先地位。德国海上风电机的装机容量在欧洲占有率从 2008 年的 1% 提高到 2015 年的 30%，首个海上风电场于 2006 年开始建设，2010 年并网发电，该发电场总容量 60 MW，预计到 2030 年，德国海上风电装机容量将达到 25 GW[4]。英国是最早进行海上风电开发的国家之一，2004 年，英国政府出台并通过了能源法案，对于开发风电项目给予了大力支持，在英国强制性可再生能源制度下，英国的配额指标制度要求供电商不断提高可再生电能的比例。英国向可再生能源发电企业颁发可再生能源份额证书，这些证书可进行交易，以实现配额指标。20 世纪 90 年代，丹麦开始了海上风力发电的尝试，1997 年，丹麦政府通过招标的方式建立了两座 200 MW 的海上风力发电场，据丹麦能源局资料显示，截至 2005 年 1 月，丹麦共有 3118 MW 的风力发电能力，其中海上风力发电能力为 424 MW，海上发电能力占现有风力发电能力的 13.6%，这说明海上风力发电能够满足越来越多的能源需求，有着广阔的发展前景。

20 世纪 80 年代初期，美国对风电实行投资补贴的政策，其投资补贴能够达到总投资的一半以上，后来美国政府对风电场的投资者实行减税政策，20 年来，美国政府也在不断完善风电产业，但其发展比较缓慢。与欧洲不同，美国注重利用广域分布的储能系统，根据不同类型的储能系统进行广域配合和电源结构优化，美国能源部和美国电力科学研究院针对多类型清洁能源的互补集成建设了多项示范工程。2010 年，美国装机容量为 1000 MW，随着全球可再生能源的迅猛发展势头，美国通过政府引导，形成国家战略促进海上风电发展，为了促进美国海上风电产业的发展，能源部等首次联合发布了《国家海上风电战略：创建美国海上风电产业》合作规划，该合作规划聚焦于解决 3 个问题：海上风电的相对高成本，安装、运营和并网方面的技术挑战，构建海上风电场建设的竞标机制、支持开展大规模海上风电联网研究。

顺应全球风电的发展趋势，加拿大风电产业迅猛发展。2010 年，加拿大风电新增装机容量超过 800 MW，累计装机容量超过 4000 MW，满足了本国家庭用户的电力需求。加拿大政府出台了一些具体补贴措施，如生态能源补贴、风电设备资金成本补贴、低风速上网电价补贴、风电发电补贴等，此外，还出台了发电设备折旧条款、新能源税收优惠政策、绿色能源政府采购计划等措施，进一步推动了风电的快速发展。

在亚洲，印度的风电产业有着无限的发展潜力和广阔的发展空间，特别是海上风电。相比陆上风电，海上风电发电量更多，但开发成本也相对较高。一直以来，印度面临着电力短缺的情况，印度政府特别希望通过发展可再生能源来缓解这一问题，为了填补可再生能源的空缺，印度政府正在建设绿色能源走廊，出台激励政策，解决投资者、电力开发商与政府之间的矛盾；发放项目许可证，鼓励地方产业投资风电项目建设，先后提出了加速折旧、发电刺激计划和可再生能源证书机制等。

日本土地的 73% 由山地覆盖，风电建设施工成本非常高，这些条件极大地限制了陆上风电的发展空间，但日本海岸线绵长、具有巨大的海上风电发展潜力。日本政府在能源政策上提出了"3E"目标，即能源安全、经济增长、环境保护，在这个背景下，日本很多电力企业明确社会责任，发布了《可持续发展报告书》，推动了节能技术和新能源产业的发展，截至 2015 年年底，日本海上风电装机容量为 52.6 MW，单机容量为 2 MW[5]。日本在新能源利用方面取得的进步，与日本政府出台的能源政策是分不开的。

1.3.1.2　海上风电管理的国内发展现状

风电是把风的动能转为电能，属于可再生能源、清洁能源。风能是可再生、无污染、能量大、前景广的能源，是目前发展快、规模大、应用广的可再生能源之一。我国海岸线绵长，长约 2 万 km，能够开发和利用的海域面积达 300 万~400 万 km²，海上风能资源蕴藏丰富，发展海上风电有得天独厚的优势[6]，从 20 世纪 70 年代开始，风电开始大规模发展，世界上很多国家都已经认识到风电在调整能源结构、缓解大气污染方面至关重要，出台了加速风电发展的一些政策，风电技术也从此逐渐进步和发展[7]。风电之所以被世界各国广泛利用，主要是由于风电不需要燃料、对大气污染小、大约 3 m/s 的风速就可以发电。

相比陆上风电场，海上风电场有着其自身的一些优势，具体表现如下。

①风能资源丰富。海上风况优于陆地，距海 10 km 的海上平均风速比陆上年平均风速高 25% 以上。海上的高风速及满发小时数使可利用的风电机组发电容量增大。据估计，海上风速比平原沿岸高 20%，发电量增加 70%。

②风能质量高。海平面不占用土地资源且比较平坦，不受地形地貌影响，不受陆上发展空间限制，不会引起发电功率剧烈波动，可延长风电设备的寿命。

③海平面粗糙度比陆上小，风切变也小，比较容易获得更高的风速。

④海上风电机单机容量大，提高了风电设备的利用率。

⑤海上风电场不占陆地面积，不影响耕种和居住，可避免噪声、电磁波对居民的影响，更有利于大型化、规模化风电场的建设和发展。

⑥海上风电场距离沿海城市较近，且离负荷中心较近，能有效减少电力传输损失，有利于缓解用电高峰。

海上风电场虽有诸多优势，但也存在以下一些劣势。

①由于海上风电场的建设远离海岸，其建设过程复杂且成本较高，风电机组的基础建造、吊装也因所处的环境而成本增加。在恶劣的海洋环境影响下，其日常检修、后期维护也需大量费用。

②海上风电的并网技术还有待进一步提升，由于海上风电所处的环境、地势、海域范围等因素与陆地风电相比更为复杂，因此，需要考虑的影响因素也相对较多。

③海上风电场一般是沿大陆架区域进行建设的，安装施工难度大，对海洋环境和海洋生物也具有一定的影响。

在新能源建设中，风电相对于其他发电方式来说具有其特有优势，因此也成了新能源发电中应用最广的发电方式之一，它将成为世界各国风电发展的重要方向。2015 年，全球海上风电发展进入高速期，全球风电总产能达12.8 GW，海上风电年增长率达 34%。我国海上风电始建于 2008 年，2010年 6 月底全部并网发电，2017 年，海上风电新增装机容量达 1160 MW，累计装机容量为 2790 MW[8]。基于对风电发展已有的研究成果，丹麦技术大学里瑟可持续能源国家实验室钻研于海上风电技术，通过详细分析多年来海上风电的增长状况，评估了未来海上风电的发展机遇，对未来全球海上风电建设开发进行了展望，预计海上风电的年增长率在 2020—2030 年约为 20%，2030—2050 年将为 5%，到 2050 年海上风电机对装机容量年增长率约为38%。虽然新型风电机在高速风电场的产能较高，但受多种因素影响，高速风电场运营的可行性较低。

我国海洋面积辽阔，海上资源丰富，海上风电的开发已经进入了规模化、商业化发展阶段。为了更好地利用海上风能资源，近年来，人们将开发目光投向了风能资源更为丰富的沿海海域。我国东部沿海水深 2~15 m 的海域面积辽阔，可利用的风能约是陆地风能的 3 倍，达 700 GW，具有广阔的开发应用前景[9]。2007 年中海油渤海海上风电试点项目的第一个海上风力发电机组正式运行，标志着中国海上风电产业已进入发展阶段；到 2017 年年底，海上风电装机容量已达到 2790 MW，海上风电新增装机容量为 1160 MW，其

中，潮间带累计风电装机容量为 611.98 MW，占海上新增装机容量的
52.76%；近海风电装机容量为 402.7 MW，占海上新增装机容量的 34.72%。
图 1-1 是 2008—2017 年中国海上风电新增和累计装机容量的统计情况。

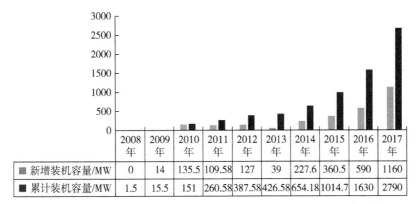

	2008年	2009年	2010年	2011年	2012年	2013年	2014年	2015年	2016年	2017年
新增装机容量/MW	0	14	135.5	109.58	127	39	227.6	360.5	590	1160
累计装机容量/MW	1.5	15.5	151	260.58	387.58	426.58	654.18	1014.7	1630	2790

图 1-1 2008—2017 年中国海上风电新增和累计装机容量的统计情况

1.3.1.3 评述

从国内外研究现状来看，目前面临的能源安全和生态环境的挑战，以及
经济转型升级带来的压力，世界各国都在大力开发利用新能源，着力实施能
源转型战略，努力在未来能够以可再生能源为主要能源，进一步优化能源结
构体系，从而实现能源领域的可持续发展。因此，大力发展海上风电，推进
新能源快速发展，仍将是世界各国未来发展的重点。

①近年来，海上风电发展迅猛，与陆上风电相比较看，我国海上风电的
研究相对缓慢，海上风电技术、大规模风电并网正处于快速发展阶段，国家
有关实施细则和规程标准还不是很系统；随着大规模海上风电的开发利用，
科学有效地进行能源调配，将是未来亟须研究的首要问题。

②在日益开放、不断竞争的电力市场下，风电的成本在不断降低，因
此，风电在经济上具有很大的吸引力。同时，存在一定的弃风现象和消纳问
题，主要是由于风电开发集中在"三北"偏僻地区，处于电网末端，为了
保证供暖供电，风电负载的备用电量很小，电网很难满足风电全额上网的需
求，因此，出现了一部分地区的弃风现象。迅猛发展的风电也正存在电网建
设跟不上的问题，这是造成电网消纳困难的一个重要因素。

③为了推进风电的快速发展，世界各国都有各自支持风电发展的政策，
美国发展风电主要有以下优惠政策：引进外来投资并进行补贴、通过金融支

持提供信贷资助、实行低利率贷款政策用于补贴风电发展、规定新能源在发电电源中占一定比例、从电费中划拨一定的经费用于发展风电等；欧洲发展风电主要有以下优惠政策：采取提高配额指标的方式、给电力企业高额补贴、政府适当地财政支持等措施，推进本国风电产业的快速发展；印度通过颁布风电上网电价机制来发展风电；我国通过政府财政支持政策、税收优惠政策，根据不同地区的实际情况，合理利用可再生能源，促进风电发展；多种多样的优惠政策和激励措施，加快促进了各国风电的进一步快速发展。

1.3.2 海上风电并网管理的研究现状及评述

1.3.2.1 海上风电并网

电网是电力系统中联系发电和用电设施和设备的统称，由各种电压或电流的变电站及输电线路组成，包含变电、输电、配电，以及岸上换流器、岸上电网等，用于连接发电与用电之间的整体。它包括离网型风电并网和并网型风电并网。离网型风电场一般发电规模较小，多用于偏远地区的供电需要；并网型风电场一般发电规模较大，与离网型风电场相比，可以得到大电网的补偿，风电资源开发利用较为广泛，是目前国内外风力发电的主要发展方向。由于海上风电所具有的随机性、不确定性及波动性，当风电大规模并网时，对电力系统有着较大影响，主要表现在对系统运行的稳定性、电网的调峰能力、所发出电能的质量及电力系统备用设备容量等。因此，需要根据负荷实际情况，对风电出力进行动态调节，以保证电力系统安全稳定运行，从而进一步促进电力产业的快速发展。

1.3.2.2 海上风电并网管理的国外研究现状

随着世界能源结构调整、新能源的快速发展，世界能源形势被世人重视。近年来，海上风电并网技术的快速发展也受到了各国专家学者的广泛关注，关于海上风电并网管理的经济性、对电力系统的影响都成了研究热点。

（1）海上风电并网管理的经济性研究

Davood 等（2016）提出在研究风电功率时，加入非线性约束来进一步优化风电功率的思想，结果表明，这种方法能够有效提高发电储量，具有很好的研究价值[10]。Ruddy 等（2015—2016 年）在研究风电新能源时，提出利用多终端网格设计的思想，在构建成本模型时，增加交变频器，利用这种方法来降低变电站的成本，并通过对实际数据进行仿真，验证了这种方法能够有效地降低直流终端变电站的成本，具有很好的实际意义[11-12]。Hulio 等（2017）分析了海上风电气候参数和性能函数，并对气候参数进行了评估，通过构建系统维护模型，提高了评估精度，采用威布尔方法对其可靠性进行分析，最后对能源量的损失进行了评估[13]。D. Todd 等（2014）通过发展预测管理初始路线图，从经济角度进行分析，通过降低企业的运营和维修成本，提高了海上风电场风机的可利用率[14]。Hasan 等（2013）考虑到电网传输路程、电力网络、电力系统经济性和可控性的要求，提出了一个含有多端直流输电线路整流转换器和电压源变换器的模型，运用具体事例，对模拟仿真结果的灵敏度在发电能力和系统负载变化方面进行了评估，并对前沿的可靠性和成本效益进行量化分析，并将此用于电力企业实际运营中，具有一定的操作性[15]。Xie 等（2019）阐述电网作为输配电企业的领导者，决定输配电价格和电网价格的价格竞争博弈、可再生能源发电与传统能源发电之间的价格竞争博弈[16]。Niu 等（2019）通过构建综合效益评价指标体系，对不同情景的综合效益进行了评价，对定性问题进行定量分析，支持能源投资的决策，提升政府的可信度和企业的经济效益[17]。

（2）海上风电并网管理对电力系统影响的研究

Ardal 等（2014）构建了具有典型评级的系统，该系统可以提高风力发电机的系统稳定性[18]。Farahmand 等（2014）提出了一种确定有功功率损耗的直流最优潮流方法，输出有功损耗影响输电网潮流分布，从而改变发电系统的发电调度[19]。Kong 等（2019）为了进一步研究风电对电力系统的影响，提出了最优定价策略、维护需求策略和渠道水平策略，总结了风电市场对风电场和风电机制造商利润的影响，为提升电力企业精细化管理提供了科学的运行模式和独特的管理视角，具有一定的参考价值[20]。Tang 等（2018）论述了大规模风电并网对电力系统暂态稳定性的影响，通过对电力系统进行全局参考坐标的设置，完成电力系统的连接和传递任务，提高了电力系统的稳定性[21]。Torbaghan 等（2015）提出了一个基于市场的动态传输规划框架模型，该模型旨在最大限度地使投资基础设施建设更经济[22]。Heidari 等（2017）对具体的海上风电并网案例进行优势、劣势和可靠性分析，对电力系统各参数实现可持续发电的影响进行权衡，利用模糊逻辑对结果进行量化。最后，应用交叉功能分析方法对参数的影响和电力系统的可靠性进行了评价[23]。Jedryczka 等（2018）通过构建不同发电机的现场电路模型，说明了不同发电机组对电力系统的影响程度和能源质量，提出将电力系统电子转换应用于风电能源系统中将具有很好的效果[24]。Tveten 等（2016）研究了在北欧的电力系统中，由于配额效应，资源市场份额的增加导致资源生产者的收益下降。为了解决这一问题，采用高时空分辨率的综合局部平衡模型对电力系统进行分析，得出风值因子在水力发电为主的地区呈下降趋势，而在风力发电为主的地区呈上升趋势，研究结果表明，在规划未来输电能力扩展时，要充分考虑整个电力系统的重要性[25]。

1.3.2.3 海上风电并网管理的国内研究现状

受世界能源局势的影响，近年来，我国能源也面临着日益严重的形势和挑战，人们逐渐将目光转向了新能源的研究，关于海上风电并网管理的经济性、对电力系统的影响研究引起了我国学者的高度重视。

（1）海上风电并网管理的经济性研究

闫庆友等（2017）通过构建平准化能源成本分析计算模型，将风电建设、运行、输送、并网全过程进行综合考量，并通过实际算例进行验证，进而提出降低风电投资总成本、提高风电上网发电时间等方面的管理机制，以期达到有效降低风电成本、提高风电经济性的目的[26]。周开乐等（2014）研究了多种发电设备组成的微电网负荷优化分配问题，提出了负荷优化分配方法可以有效降低微电网的运行成本，促进微电网的优化运行[27]。余波等（2015）详细分析了我国能源消费构成比例，在自由的电力市场条件下，电力企业要充分考虑设备投资成本、运行费用和碳排放量等因素，指出由风电取代其他能源发电虽投资巨大，但年平均运行费用最低，为未来我国优化能源构成调整提供重要的指导意义[28]。王正明等（2008，2009）在风电成本构成与运行价值的技术经济分析中发现：由于风电设备价格较高但风电价格偏低，积极探索风电价格形成机制的新途径，完善风电价格形成机制，有利于降低风电成本，使之更加经济[29-30]。邹钰洁等（2019）为进一步提高风电接纳能力，建立了风电消纳成本模型；为进一步提高企业的经济效益，建立了联合储能系统调度总成本模型，为含风电并网经济调度提供了理论依据[31]。栗楠等（2018）根据我国海上风电占比高、本地电源调峰需求大的特点，对海上风电特性的评价指标进行分析，提出了一种计及环境成本的多种能源协调运行策略,进而降低系统总运行成本,全面提高海上风电利用率[32]。薛松等(2015)通过分析需求侧资源,促进可再生能源并网消纳,构建可再生能源并网消纳贡献度评价体系,降低系统对传统燃煤备用机组和输电线路扩容的需求,具有显著的经济效益和环保效益[33]。邢家维等(2018)为应对含风电的电力系统在调度过程中风电的波动性和预测不确定性,建立了风电综合补偿成本模型,将经济、政策、环境等因素计入成本考虑,给出了含风电的电力系统机组组合策略及其效益评估[34]。

(2)海上风电并网管理对电力系统影响的研究

石文辉等(2018)概述了风电技术、电力系统发电及并网技术研究的发展趋势与未来方向,为实现我国风电高效利用、多能互补、优化调度及风电的发电技术在电力系统中的广泛应用提供了参考依据[35]。谷玉宝等(2016)分析了不同类型风电机组并网对电力系统小干扰稳定性的影响及存在的问题,指出今后有待进一步研究的主要问题[36]。施泉生等(2016)给出了电力充裕度和调峰充裕度指标计算方法,具有一定的可行性,为确定合适的风电接入规模提供了相关指导[37]。张凌云等(2015)提出涉及风电功率预测的系统调峰容量计算模型,指出实现发电和配电一体化的管理模式,利用可再生能源发电,使电网并网更加便捷[38]。黄珺仪(2016)对我国目前可再生能源电力发展情况进行了分析,构建关于可再生能源电价最优补贴额的理论测算模型,提出引导可再生能源发电产业健康发展的对策建议[39]。刘光辉(2017)概述了可再生能源发电的内涵及特征,对可再生能源发电电力市场的影响做了深入分析,指出其在电力市场布局、政府扶持及辅助服务成本层面的影响,对可再生能源的发展具有一定的借鉴意义[40]。杨昆等(2019)建立了以发电侧旋转备用成本、用电激励成本、可中断负荷成本及负荷损失和弃风损失的条件价值风险成本等多种约束条件为目标成本的优化成本电量模型,得到旋转备用容量优化电量[41]。王虹等(2015)分析了大规模风电并网对电力系统规划、调度运行、电网安全稳定性、电力系统经济运行及电网规划建设等现状和存在的问题,并有针对性地提出了相应的风电并网管理策略和激励政策[42]。

1.3.2.4 评述

目前,国内外学者对关于海上风电并网管理技术经济性研究、海上风电并网管理对电力系统影响的研究等关键问题已经做了详细、系统的论述,但是在关于海上风电并网管理能源有效利用方面的研究还有待进一步深入，主要体现在以下两个方面。

①对于风机而言，风机发电的发电量受多种因素影响，尤其是海上风电，其发电功率在很大程度上取决于风向和风速等多种因素。由于风速是时刻变化的，风电并网应及时根据风速的变化和负荷的需求，来调配发电机组进行发电，目的是能够输出更多的风能，使发电机组能够达到最大功率的输出。

②海上风电并网管理的经济性研究是影响海上风电快速发展的主要因素之一。新能源并网成本较陆地高，单机并网成本则更高。国内外专家学者对于提高风电并网管理的经济性，提出了一些设计方案和解决方法，从环境经济学的角度分析了电力公司环境成本的外部性影响因素，并对此提出了评价方法，指出发电公司环境成本内部化的意义，并对内部化效果进行了经济分析；但大多数评价方法都只是在模拟系统上进行验证，并没有在实际风电场中进行实际运行，海上风电场受不确定性因素影响较多，有效地提高其经济性将是国内外专家学者关注的重点之一。

1.3.3　海上风电调度管理模式的研究现状及评述

多年来，我国一直保持以火力发电为主的电力结构，因此，在考虑经济、环境、安全等多方面因素的影响下，对不同发电调度模式进行深入研究意义重大。在兼顾电力系统经济运行和节能减排的基础上，优先考虑新能源发电，进一步优化我国能源结构，为进一步提高不同发电模式下的能源利用效率、降低发电综合环境效益成本、保障多种发电模式安全稳定协调发展都具有重要的现实意义。

由于受政策、经济因素的驱动和电力供需、能源供给形势的影响，我国的发电调度管理模式大体上有4种，即经济调度模式、节能调度模式、计划电量模式和市场竞争模式。

1.3.3.1　海上风电调度管理模式的国外研究现状

海上风电调度管理模式一直受到各国专家学者的广泛关注，关于海上风电调度管理模式的研究已成为研究者普遍研究的热点。

（1）海上风电并网的经济调度管理模式研究

Mumar 等（2019）分析了美国印第安纳州 Fowler Ridge 风电场在海上风

电输送和总运营成本的影响因素，建立了电网与微电网之间的电力交换模型，减少有效管理需求、碳排放和系统整体的运行成本，具有很好的借鉴作用[43]。Albadi 等（2009）通过分析美国税收政策和激励政策，对风电项目进行了全面的技术经济评价，研究了省级所得税、资本成本补贴、财产税和风能生产联邦激励对经济发展的影响[44]。Jiang 等（2018）利用威布尔函数对风特性进行了详细研究，确定了其对风电机组部件和发电性能的影响，通过经济性评价，确定了权重模型对每千瓦时能源成本的效应[45]。Jan 等（2016）为了降低海上风电的成本，与其他类型的能源做了横向比较分析，研究人员正在应用科学模型和思维过程，从供应链管理的角度，引入一个概念框架，目的是减少丹麦风能产业中海上风电的成本，研究思路具有一定的创新性[46]。Alham 等（2016）通过构建能源存储系统和需求侧管理模型，研究了海上风电运行成本、排放因子和风能利用率的影响因素，仿真结果显示，所构建的能源存储系统能有效降低成本和排放，可进一步提高风能利用率[47]。Nadine 等（2017）对发达国家可再生能源项目进行研究，将影响其成本的主要因素进行分类，分类后的因素通过系统单独评估，并将评估结果进行加权考虑，最终的评估结果对可再生能源整体调配评估具有比较重要的参考价值[48]。Tobias 等（2016）通过投资评估的思想，对电力系统的经济性进行研究，指出了经济效益与可靠性之间的关系[49]。

（2）海上风电并网的节能调度管理模式研究

Anestis 等（2016）通过对比不同的可再生能源技术，如风能发电、太阳能发电和水力发电，从降低成本和减少排放方面分析了各自的优越性[50]。Lukas 等（2011）从资源总成本出发，对海上风电场进行了研究，对影响成本效益的不同因素进行了建模，分析了这些因素对海上风电并网的影响程度[51]。Dawit 等（2017）从非洲埃塞俄比亚严重依赖水力发电的现状出发，提出了综合能源多样化的最优成本投资决策，促进了可再生能源的有效利用，提高了能源生产的可持续性和可靠性，降低了生产成本，解决了资源短缺问题[52]。Khanh 等（2007）分析了风电对环境的影响，对新能源政策进行了深刻诠释，明确了未来世界各国的能源选择[53]。Zahari 等（2018）探讨了可再生能源的驱动因素和制约因素，对马来西亚可再生能源的使用情况进行了实证研究。结果表明，新技术的感知效用和可再生能源的感知效用可作为可再生能源使用的驱动因素，该研究有助于马来西亚落实可再生能源战略[54]。Haldar（2019）研究促进绿色能源的主要目标，对阻碍发展的因素进行分析，提出系列政策建议，为印度可再生能源部门推动环境问题驱动带来了一定的促进作用[55]。Ngala 等（2007）针对尼日利亚的实际情况，分别从风电资源、风电技术和风电环境 3 个方面，分析了开发风电的可行性和必要性[56]。Juan 等（2016）为了降低电力生产成本，根据风电的可变性引入了不确定性系统的最优调度，从而实现优化调度[57]。Bachir 等（2017）为了给电力系统科学规划和稳定运行创造经济、安全的运行环境，提出了一种非线性优化的研究思想[58]。

（3）海上风电并网的计划电量模式研究

Geoffrey 等（2010）针对英国政府需要满足欧盟设定的各种可再生能源目标要求，设定英国可再生能源支持计划，有助于英国政府制定新政策，促进英国可再生能源快速发展[59]。Shaheen 等（2017）根据巴西可再生能源的实际情况，与跨国企业合作，在政府建立监管激励框架下，有助于加快新能源并网的研究进展[60]。Eldesouky（2014）提出了一种集热、风、光伏为一体的电网安全约束发电调度管理体系[61]。Sabbaghi 等（2018）通过电力企业的信用指标和投资能力，选择企业实行市场计划电量调度模式的条件，提升电力企业在行业的内在竞争力[62]。Wallmeier 等（2018）在分析德国发展新能源时，强调了政府的主导作用和参与作用对推动新能源发展的重要性，并对其有效性进行了具体化分析，得到了很好的效果[63]。Xue 等（2015）根据全球温室气体和当地空气污染物的排放情况，将减排成本与典型的燃煤电厂统筹考虑，对风电行业进行了全生命周期分析，将风能纳入电网统一进行计划电量的管理[64]。Pieter 等（2016）研究了巴西风电的发展现状，论证了将大规模风力发电整合到水力发电的可行性，通过对现有风电数据的外推，提出风电、水电和燃气等类型发电机应具备根据计划电量进行调度的灵活性[65]。Ye 等（2019）通过计算评估风电可容风量，提出在弃风情况下，最大风电装机容量水平的评估方法，该方法对推进国家计划电量实施具有重要的推动作用[66]。

（4）海上风电并网的市场竞争模式研究

Alhmoud 等（2017）从 6 个方面对海上风电的可靠性问题进行了探讨，有助于识别、分类和研究风能系统中存在的若干问题[67]。Matti 等（2014）评估了欧洲风电行业技术、市场与政治环境之间的联系，以及它们对市场的贡献。指出在未来 10～20 年，政府要有足够的能源补贴和排放交易计划，该行业才会在能源市场上具有一定竞争力[68]。Jakob 等（2015）探讨了欧洲电网行业的发展方式,并建议决策者和监管者在制定政策和法规时,要考虑适应新技术对电网的创新和发展,将可持续性发展纳入电网市场进行评估,买卖双方在能源供应链中应具有不同的角色[69]。Kevin(2014)分析了美国负面定价对电力市场的影响,当联邦政府开始为风电项目的建设提供补贴时,由于法规要求电网接收风电机产生的所有电力,致使负面定价变得更加频繁[70]。Idriss 等(2012)研究风电应用领域内市场竞争的实际需求,结果表明,风电与季节性扰动的运行和维护之间具有重要关系[71]。Rishabh 等(2018)讨论了印度电力市场的框架和现状,通过适当调整来指导不断增长的可再生能源融入电网,发电商参与批发能源市场,并为他们提供平台,以最佳方式管理发电商的发电组合,有助于补偿高昂的投资成本,指出要推动市场进行良性竞争,市场竞争最终会降低电价[72]。Tiwari 等(2019)认为,在解除管制的电力市场中,每一个市场参与者都希望在受管制的电力系统约束下实现经济效益。因此,提出了一种简单、高效、可靠的优化策略,通过优化布局,使系统利润最大化,系统发电成本、拥塞成本和排放成本最小化,从而进一步优化电力系统的市场竞争问题[73]。Reza 等(2016)在开放的电力市场中,风电场存在不确定性的情况下,对电力企业或供应商利润最大化规划的有效性进行了分析[74]。

1.3.3.2 海上风电调度管理模式的国内研究现状

随着海上风电的快速发展,近年来,关于海上风电调度管理模式的研究受到我国专家学者的高度重视,并广泛关注。

(1)海上风电并网的经济调度管理模式研究

薛松等(2017)通过构建安全经济运行模型,并与传统的确定性模型进行比较,结果表明,所构建的安全经济运行模型能够有效降低系统的运行成本[75]。魏亚楠等(2013)综合考虑风电和火电的特点,建立经济效益函数和节能减排效益函数及相关的约束条件,最终确立多目标决策模型[76]。李学迁等(2013)在分析节能减排对我国能源构成的影响时,通过构建电力系统供应链模型,为风电的节能减排提供了技术支持[77]。刘洪伟等(2016)提出了一种考虑维修成本的风电功率预测模型,该模型能够有效分析风电场运行成本构成,提升风电场调度管理效率[78]。何哲等(2009)阐述了电力企业运营所面临的形势,通过不断改进管理机制和管理策略,落实国家关于节能减排战略,充分考虑成本在实际运营中的重要性[79]。史光耀等（2018）分析了风电场在接入电力系统时，不同调度模式下的电力系统运行成本，通过优化并降低电力系统运行成本，提出不同类型需求侧响应具有互补性，有助于电力系统进行经济调度管理模式[80]。陈美福等（2018）从电源、电网、负荷、储能等4个方面出发，对协调调度技术进行了分析和归纳，对海上风电网协调调度技术的发展前景进行了展望，提出了调度技术革新对加快我国能源调度发展的重要性和必要性[81]。谢敏等（2019）在已有的成本费用模型的基础上，提出用补偿成本费用期望值的方法，进一步完善和优化了经济调度管理模式中的补偿成本费用问题，对海上风电场进行经济调度研究具有一定的借鉴性[82]。

（2）海上风电并网的节能调度管理模式研究

梁吉等（2019）分析了可再生能源配额制政策，对海上风电的快速发展起到了助推力的作用，配额制政策的实施能够进一步促进风电消纳，提高风电出力，推动配额比例和绿色证书交易，有利于提高风电消纳量，降低弃风率，提升了海内外企业对风电产业的吸引力[83]。游大海等（2013）建立了风电系统的评价体系，对5种调度模式的优劣进行量化评估，结果表明，所构建的评价体系可行、有效，能为实际调度决策提供参考依据[84]。常俊晓等（2015）通过对风功率波动特性的分析，合理安排火电机组和风电机组的联合发电调度计划，达到了节能效果[85]。张刘冬等（2015）通过研究旋转备用设备配置和约束条件，确定了考虑约束条件的风电联合运行方式下的调度模型，从而系统分析电力系统运行的经济性及改善系统运行成本的具体实施策略，具有很好的研究价值[86]。金元等（2017）根据目前我国电网面临的实际问题，对风电有功调度问题进行了详细分析，提高了使用风电功率和机组发电效率[87]。易琛等（2017）将电力系统需求侧响应融入调度过程的目的是协调风电和火电机组协同出力，从而降低系统运行的总成本[88]。李昂等（2015）通过理论分析、创新调度方法推行电力企业对清洁能源的需求，使产业经济效益得到有效提升，从而达到节能减排的目的[89]。

（3）海上风电并网的计划电量模式研究

张英杰（2014）分析了我国风能的发展现状和制约发展的主要因素，梳理了制约发展的主要影响因素，提出了一系列改进措施，对国家政府科学决策具有一定的参考价值[90]。晋宏杨等（2019）研究了电力系统不同负荷的用电量情况，提出在高载能负荷消纳风电时，可能会出现负荷用电与风电出力不匹配的问题，分析了出现风电出力不匹配的原因，提出了应利用多种协调的调度方法来进一步匹配风电出力问题[91]。赵晓丽等（2013）根据《中华人民共和国可再生能源法》，详细分析了我国风电产业的发展和计划并网发电量，对华北、东北、西北的弃风限电量的影响因素进行了比较和分析，提出了减少弃风限电量的措施[92]。陈友骏（2016）提出应发展多元化发电模式等多项措施，推动电力系统改革，进而推动产业结构转型升级[93]。谭澈（2017）主要探讨了电力系统的供需问题，分析了影响电力系统安全性和可靠性的主要因素[94]。马连增等（2017）提出一种新的分布式协调控制设计方法，得到电力系统运行的稳定性定理，这种判别方法能够简化系统稳定性分析的复杂性，并能够准确地计算发电总量[95]。刘秋华等（2017）从全生命周期的视角，构建了海上风电节能减排指标体系，为电力系统的安全运行提供了有力支持[96]。李娟等（2016）研究了风电场的最优决策，从社会总福利最大化和总成本最小化的视角，使电力系统运行达到最优化[97]。

（4）海上风电并网的市场竞争模式研究

黄元生等（2014）根据发电侧开放竞争的电力系统，需要更加有效、准确的决策工具对有限资源进行统筹调度规划[98]。宋成华等（2010）分析了新能源的现状和存在的问题，指出要加大对新能源研发的支持力度，有利于推动能源消费市场多元化与结构升级[99]。张宏伟（2017）定性地研究了风电产业的政策机制、组合特征及相应组织对海上风电技术创新和扩散的具体影响，全面的政策工具组合能够有效克服海上风电技术创新和扩散面临的市场失灵、制度失灵和其他瓶颈等问题[100]。韩秀云（2012）针对新能源产业在一定程度上存在构成不合理、风电场建设与电网建设不一致性、电网配套能力及市场需求等一系列问题，提出了相应的建议，具有很好的借鉴作用[101]。汪雪锋等（2014）面对全球日益激烈的竞争环境，风电企业必须具备深入了解该领域发展趋势和竞争态势的能力，必须具备快速识别并把握技术创新机会的能力，只有这样才能在激烈的市场竞争中生存发展，并通过构建风电技术领域的创新导图，为电力领域专家决策提供有效的数据支撑，有助于为企业技术创新研究和政府技术创新管理提供决策支持和信息保障[102]。王睍等（2012，2018）针对大规模风电并网会增加常规发电商的市场竞争风险这一问题展开了深入研究，提出不同风险偏好的常规发电商要制定不同的策略性政策来实施竞争行为，从而使其市场竞争收益和风险相协调，同时，提出基于寡头竞争博弈理论研究风电商与电力市场竞争对市场均衡结果的影响，风电商倾向于在电价较高时段增加投标电力，而在电价较低时段减少投标电力，从而可以减轻市场电价的波动，使之更好地参与市场竞争[103-104]。张旭梅等（2012）描述了风电产业链的结构和市场需求，分析了风电产业开展的动因，提出了风电产业市场竞争新模式[105]。

1.3.3.3　评述

在节能减排政策下，海上风电调度也成为各国学者研究的重要内容之一。如何规划电力系统的发电计划、促进电力系统减排减耗、推动风电产业飞速发展，成为各国学者的研究热点。从已有的研究现状和国内外参考文献可以得出以下几点。

①风电调度管理的 4 种模式（经济调度模式、节能调度模式、计划电量模式、市场竞争模式）都应优先考虑系统在运行中的安全性和电能供电的可靠性，但每种调度管理模式在电力系统实际调度管理运行中，其安全性、经济性和节能减排等方面各不相同，具体体现在：经济调度模式下，电力系统在运行过程中，优先考虑系统的经济性和节能性；节能调度模式下，电力系统在运行过程中，一般是以节能环保为首要目标进行调度的；计划电量模式下，电厂发电是按接入电网中各发电机组容量平均分配发电利用小时数进行发电，根据总发电量来协调电网企业和用户等多方之间的利益，以供电力系统使用；市场竞争模式下，企业为了使社会效益最大化，只能将电力出售给输配电企业或电力公司，在激烈的电力市场竞争机制中，电力市场以发电供应商市场竞价结果为依据制订发电计划。

在计划电量和市场竞争这两种调度模式下，电力系统的发电量主要取决于发电机组的容量和发电供应商的市场竞价，企业很难自主选择，其研究价值具有一定的局限性。因此，本书重点研究经济调度管理模式和节能调度管理模式。

②在实际调度模式发生变化时，也就是说，电力企业在实际调度时，若将调度原则由经济调度转为节能调度，电力调度应是从节能减排的角度出发来安排机组调度的；系统发电机组的类型也由只以风电为主变为风电、水电、火电等多种能源类型的组合。调度模式的这种变化，使得可再生能源发电存在较高的上网电价，增加了电力企业的购电成本，降低了企业所得的利润。因此，在研究经济调度和节能调度模式时，除了考虑电力系统安全性和电网供电可靠性的因素，还要考虑为保障电网安全运行和为负荷连续供电的多种约束条件，此外还要适当考虑成本问题。

③在海上风电经济调度研究方面已经取得了一系列的研究成果。虽然采用了多种研究方法以降低预测误差，来应对电力系统的不确定性，但大多数方法不是过多地设置备用设备，造成浪费、不经济，就是备用设备过少满足不了电力系统的可靠性要求，因此，将可靠性约束引入含有大规模风电场进行经济调度问题的研究，是能够很好地解决上述问题的一个行之有效途径。

④节能调度是在保证电力系统安全稳定运行下，以节能、环保为目标，根据各类发电机组的能耗和排放物污染程度，优化调度计划，使发电计划在相邻区域间相互协调，实现优化调度。目前，节能调度还有很多体制机制不太完善，主要包括节能调度的补偿机制、节能调度与电力市场的结合等问题，解决这些问题是一个长期的系统工程，需要政府在宏观层面上给予政策上的指导，或以补贴的方式给予补偿等。

⑤电力系统经济调度是电力系统经济运行的重要因素，其目标是准确实时调度发电机组出力，降低发电成本；节能调度是对经济调度方式的一个补充，在我国电力市场开放竞争的情况下，综合利用政府职能和经济手段，对于电力企业优化电力资源构成结构、提高电力资源利用效率、提升国内外综合竞争力具有重要意义。

因此，电力企业在确定调度模式前，企业要根据国家宏观政策、企业自身定位、未来发展目标、所处地理位置、面临环境条件等多方面的因素，确定企业自身未来的发展路径，使企业能够获得更多收益。若企业选择经济调度管理模式运营，在主要考虑节约成本的前提下，力求使风电机组以较少的发电成本，满足用电企业或用户的需求，确保发电机组发电与用电负荷之间始终保持动态平衡；若企业选择节能调度管理模式运营，在主要考虑节能减排的前提下，力求发电机组能够得到最大的发电量，以企业自身利益为出发点，充分考虑自身的生产成本，使企业能够获得更多利润。

1.4　主要研究内容、方法和技术路线

1.4.1　研究内容

本书首先分析海上风电并网的发展现状、存在的问题及功率预测与调度管理的关系，梳理调度管理流程，通过调度管理特点分析，建立调度管理模

式架构。在此基础上，深入研究海上风电短期预测的影响因素，详细分析 K-近邻算法和聚类分析的适用条件，根据海上风电本身的特殊性，对这两种预测方法分别进行了改进，通过对风电功率预测误差结果进行对比分析，最终确定海上风电功率预测方法。其次，在考虑电力系统运行安全性和供电可靠性的前提下，对含多约束条件的海上风电并网动态经济调度管理模式进行深入研究，力求降低电网的运营成本，使电力系统的发电与用电达到动态平衡；对含经济性的海上风电并网节能调度管理模式展开深入研究，为提高风电的最大发电量；提出科学有效的调度管理策略，使企业能够获得更多利润。最后，利用 IEEE 118 海上风电并网系统验证模型的有效性与可行性，为电网建设的最优规划提供参考依据。具体研究内容如下。

①海上风电并网调度管理体系总体架构设计。首先分析国内外海上风电的发展现状及并网存在的主要问题、海上风电并网方式及电力系统模型架构；其次，构建基于离散混合 Petri 网的海上风电并网的调度管理流程，分析海上风电并网调度管理关系网络，阐述了调度与负载、风电接纳能力、预测之间的关系；最后，通过对调度管理模式的需求分析，构建海上风电并网调度管理模式框架。

②海上风电功率预测方法研究。首先介绍海上风电功率预测的重要性；其次，分析了风速、风向与风电功率的关系，在此基础上，对风电功率的日相似性进行分析，确定中心预测点，在一定范围内采集数据进行分析，根据这些数据特点选取 K-近邻算法和聚类分析算法对数据进行归类分析，分析的过程中发现结果不是十分理想，因此，将两种方法分别进行了改进，并将改进后的两种方法分别对海上风电功率进行了预测，对预测误差结果进行分析，改进后的 K-均值聚类分析算法要优于 K-近邻算法，因此，本书选择 K-均值聚类分析法对海上风电功率进行预测，为后续不同的调度管理模式提供了重要依据。

③海上风电并网经济调度管理模式。首先介绍风电并网经济调度的分类及特点，梳理海上风电并网经济调度的管理流程；其次，在构建海上风电并网动态经济调度模型时，除了考虑设备、负载的约束外，还考虑了电网支路、联络线和备用设备对经济调度模型的影响，使构建的目标函数更能反映出海上风电的复杂情况，并通过具体算例对经济调度模型进行验证；最后，分析海上风电并网经济调度模式的适用条件，提出经济调度管理机制和管理策略，为电力系统安全稳定经济运行提供保障措施。

④海上风电并网节能调度管理模式。首先，分析节能调度管理模式的基本原则及特点，梳理海上风电并网节能调度管理流程；其次，在构建节能调度模型时，使风电机组和其他发电能源并存，优先考虑了能量最大化，同时还考虑了企业运行的经济性，在确定目标函数时，除了考虑系统、机组和备用设备约束外，还考虑了风电功率计划值和风电功率预测偏差的约束条件，多种约束条件下的节能调度模型极大地降低了企业的运营成本；最后，提出海上风电并网节能调度的管理机制和管理策略，为电力系统安全稳定、发电能量最优提供保障措施。

⑤实证研究。首先，介绍 IEEE 118 海上风电并网系统的参数、特点及运行模式；其次，对两种调度模型的适用条件、企业策略进行仿真，验证其有效性和可靠性，为电网建设的最优规划提供参考依据。

1.4.2 研究方法

①应用文献综述法，对海上风电管理、风电并网管理、风电调度管理模式等相关文献进行归纳、分析和总结，根据国内外对海上风电并网调度管理的差异化发展进行研究，构建本书研究的总体框架。

②应用离散混合 Petri 网的方法，描述既具有连续变量动态又具有离散时间动态的混合电力系统，梳理海上风电并网调度的管理流程。

③应用 K-近邻算法分析所研究数据的特征，利用数值平方平均的方法找出与中心样本最接近的数据权重或权重最大的数据，按照数据向量远近排序并进行分析；应用聚类分析方法将不同类别的数据进行分类，得出确定性和不确定性数据的类别，通过径向基神经元和线性神经元建立广义回归神经网络模型，具有更快的学习速度和训练过程，网络普遍收敛于样本量集聚较多的优化回归，将该方法运用到海上风电功率预测中，具有很好的预测效果。

④应用成本管理理论，构建海上风电并网的动态经济调度模型，分析其动态稳定性、经济性和可靠性，通过成本分析、成本预测，进行最有效的成本决策，实现供需动态平衡。

⑤应用机会约束规划理论，构建海上风电并网节能调度模型，采用排放价格因子法对发电计划目标函数进行调整，实现电力系统在能量最大化下总资源成本最低，有利于对全网实施节能调度。

⑥应用 IEEE 118 海上风电并网系统，验证海上风电预测方法的有效性和所构建经济调度模型、节能调度模型的准确性。

1.4.3　技术路线

本书研究的技术路线如图 1-2 所示。

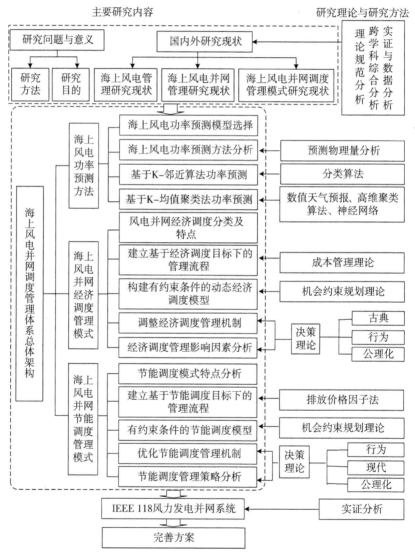

图1-2　本书研究的技术路线

第2章 海上风电并网调度管理关系及其模式架构

2.1 海上风电发展现状及调度管理存在的问题

2.1.1 海上风电发展现状

我国能源分布广泛，能源种类丰富，但能源种类和储量分布存在不均衡，具有明显的差异性。我国是以煤炭、石油、天然气、核电、水电和风电等多种能源构成的国家，煤炭在我国能源生产和消费中的比重均占一半以上，石油的开发也已经到了中后期。随着世界各国对生态环境、能源需求、气候变化等问题的日益重视，推动能源转型与可持续发展、有效防治环境污染、构建更加多元的能源供给格局是加快我国经济快速发展的必然选择，因此，要加快新能源的建设和发展，大力推广新能源利用，加快形成以新能源为主的能源消费结构，坚持绿色发展理念，应对全球生态变化，形成良好的能源发展态势。

在新能源发电构成中，风电资源最为丰富、发展速度最快、应用范围最广，随着陆上风电可开发的区域逐渐减少，而海上风电资源丰富，且沿海地区经济发达，电网容量更大，风电接入条件好，近年来，海上风电的增长速度明显高于陆上风电，成为未来风电行业的重要发展方向。

在全球高度关注发展低碳经济的大环境下，我国政府支持发展绿色可再生能源的相关政策也陆续出台，"十三五"期间国家积极稳妥地推进海上风电建设，重点推动苏、浙、闽、粤四省的海上风电建设项目，预计到"十三五"末，四省海上风电开工建设项目的规模达到百万千瓦以上；健全海上风电产业技术标准体系，以 5 M~6 MW 海上风电机组为基础，研究 8 M~10 MW 海上风电机组关键技术，实现大型海上风电机组安装规范化和机组运维智能化，建立大型海上风电场集群智能控制系统和运维管理系统，完善海上风电场的发电体系,进一步降低海上风电场整体运营成本。

目前,我国海上风电发展已经进入了规模化、商业化的发展阶段,预计未来很长一段时间都将保持高速发展,海上风电具有广阔的应用前景,具体表现在以下几个方面。

①根据全国普查结果显示,我国5~25 m水深、50 m高度海上风电开发潜力约2亿kW;5~50 m水深、70 m高度海上风电开发潜力约5亿kW。根据各省海上风电规划,全国海上风电规划总量超过8.0×10^7 kW,且发展前景广阔。

②海上风电发展起步较陆地风电晚,但近些年国家为获取更多的海上风能资源,开发和建设的海上风电项目逐渐向深海、远海方向发展,这无疑增加了风能的来源。

③采取特许权招标方式,促进风电设备本地化生产,鼓励电力企业进行风电技术的自主创新,使大型整机逐步实现国产化,降低海上风电场建设的总体投资,对未来海上风电进行规模化建设和发展具有一定的推动作用,为大型发电机组提供了有力平台。

④随着海上风电技术的不断创新和风电机组国产化成熟度的不断提高,大量海上风电机组和零部件实现了批量生产,海上风电场并网建设呈现出规模化的发展趋势,巨大的市场需求将带动海上风电机组的迅猛发展,未来海上风电场开发建设成本将呈现下降态势,这极大地激发了发电企业的积极性。

2.1.2 现有调度管理模式分析

伴随着全球电力系统体制的变革,国内外的发电模式均有所调整,国外主要经历了两个阶段:从高度垄断下的技术经济模式到电力企业竞争下的调度模式;国内主要经历了4个阶段,从开始的计划经济模式到计划、市场等多重调度模式共存,同时受国家政策、经济因素、能源供给等多种因素的影响,目前大体分为4种模式,即经济调度管理模式、节能调度管理模式、计划电量管理模式、市场竞争管理模式。

(1)经济调度管理模式

经济调度管理模式主要考虑电力系统的运行成本,以最少的燃料费用来保证电力系统能够可靠供电,利用等耗量微增率准则,在各发电机组和发电厂之间进行调度，保证系统的总燃料最少，达到负荷平衡的目的。

（2）节能调度管理模式

节能调度管理模式在保障电力供应可靠性前提下，按各发电机组的能耗量和污染物排放水平由低到高进行排序，以节能、减排为目标，优先调度可再生能源等清洁发电能源，再依次调用化石、燃煤等发电能源，减少污染物排放水平，降低能源消耗总量，实现绿色经济。

（3）计划电量管理模式

为了满足电力系统供需平衡，按照各发电机组的机组实际容量，平均分配发电利用小时数，以协调电力系统相关各方利益为目标；政府采用竞争机制来提高效率，实现资源优化配置。为了缓解我国电力需求膨胀、电力供求形势紧张的局面，允许独立的发电商上网发电，缓解电力供需矛盾。

（4）市场竞争管理模式

以社会效益为基本出发点，以电力企业的市场竞价结果为依据，为电力企业制订发电计划。

4 种调度管理模式的相互关系如图 2-1 所示。

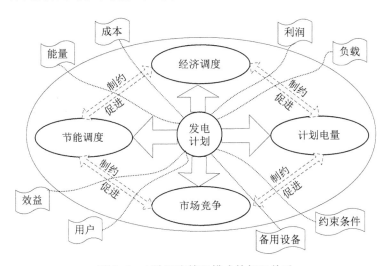

图 2-1　4 种调度管理模式的相互关系

在电力系统实际运行过程中，不同的调度管理模式要优先考虑电力系统的稳定性和安全性，在调度计划时，对其经济性、安全性和环保性等方面各有侧重。

根据已有调度管理模式的分析可知，在计划电量模式下，电网企业完全执行政府定价的电量，包括发电侧和用户侧的计划电量，电厂发电是按各发电机组容量平均分配发电利用小时数，以供电力系统使用，上网电价和销售电价在较长一段时间内保持稳定，电网企业实行统购统销的模式，这种模式多以政府主导，电网企业虽然可以自行选择这种调度模式，但不能直接参与电价定价，因此，其研究具有一定的局限性；在市场竞争模式下，在发电侧引入市场竞争机制，采取发电侧竞争上网的结构模式，电力市场卖方实际上是发电供应商或是发电企业，市场买方是电力公司、用户或垄断输配电企业，这种结构模式实际上是对输配电整体环节实行一体化垄断经营的一种模式，发电供应商通过竞争只能将电力出售给输配电企业或电力公司，发电供应商向输配电企业或电力公司销售电价的价格受到政府管制，因此，其研究具有一定的局限性。

在计划电量和市场竞争这两种调度模式下，企业虽可自主选择，但都被限制在固有的管理模式下而不能自己主导，其研究价值具有一定的局限性；在经济调度和节能调度这两种模式下，企业可根据国家宏观政策为依据，通过采取系列措施推动企业自身发展，从而获得更多利润，因此，本书重点研究经济调度管理模式和节能调度管理模式。经济调度管理模式下，企业以经济性和节能性为前提，力求最大限度地降低运营总成本，在构建经济调度模型时考虑了多种约束条件，为了能够更好地满足用电企业或用户的需求，确保电力企业的发电与用电企业用电负荷之间的动态平衡；节能调度管理模式下，企业以节能减排为首要目标，优先使用新能源发电，在此基础上，考虑各发电机组的能耗量大小和污染物排放水平，构建具有经济性的节能调度模型时，充分考虑了多种约束条件，为用电企业提供最大用电量，从而使企业获得更多利润。

2.1.3 调度管理存在的主要问题

风能是一种对环境无污染的可再生能源，作为未来能源的主要形式，对今后人类的生活方式、生存和发展都具有重要意义。20 世纪 70 年代，世界各国相继出现了各种类型的能源紧张态势，使人们清醒地认识到，要生存就要寻找和开发新能源，于是各国政府开始纷纷制定能源政策，开发利用新能源。为了顺应全球能源转型大趋势，我国必须加快推动风电等可再生能源产业发展，制定有利于风电快速发展的可行性方案，适当调整适应我国风电规模化发展的体制机制，出台鼓励利用风电的宏观政策，不断提高风电的经济性和节能性，进一步提高风电在能源结构中的比重，努力实现风电从补充型能源向替代型能源的转变。随着风电并网规模的不断扩大，风电调度模式还面临着一些问题，主要表现在以下几个方面。

2.1.3.1　经济调度管理模式

经济调度管理模式主要是在保证电网内电力系统安全运行和保证电能质量的前提下，充分利用能源、合理安排设备，以最低的发电成本或燃料费用为用电企业或用户提供安全用电的一种调度管理方法。但在实际进行经济调度管理时，存在以下几个问题。

（1）备用安全问题

电网在建设时，希望能够使风电和其他能源分区管理、分区平衡，但企业在实际进行调度管理过程中，很难做到风电和其他发电资源的分区平衡，这使得系统存在一定的安全问题，为了不影响整个电网的稳定性，企业需要考虑一定容量的备用设备，确保系统安全稳定运行。

（2）潮流分布问题

在整个电力系统中，不同发电机组所处的电网地理位置不同，这些发电机组可能会存在机组负荷率相差较大的现象，这将对电力系统系统潮流分布产生一定的影响，电网安全也将面临隐患。为保证电网的安全运行，必然要打破这种分区管理和分区平衡的运行方式，这将对企业进行节能调度管理提出了更高的要求。

（3）电网联络线问题

在电力系统调度过程中，电网联络线是对电网安全性的一种评定方法，以便若发生事故，在发生事故后，能够快速确定补救措施，避免对电力系统产生严重影响。

2.1.3.2　节能调度管理模式

节能调度管理模式主要是以整个电网内发电设备、输电设备和用电设备为调度对象，对电网内各类发电机组的发电顺序进行排序，优先调度可再生能源进行发电，按照能耗和污染物排放水平由低到高的顺序调度其他类别发电资源，最大限度地减少能源消耗水平和污染物排放总量，促进电网高效清洁运行，但在实际调度的过程中，还要注意以下几个问题。

（1）机组爬坡问题

在电力系统进行风电调度时，可能会出现某个时段风电高（低）于计划值存在极大偏差，而在相邻时段出现风电低（高）于计划值极大偏差的情况下，也就是保证各发电机组在实际出力时，发电机组开机后第一个时段和停机前最后一个时段发电机组出力值必须为最小出力值，使其爬坡能力在一定范围内，这就需要考虑机组爬坡问题。

（2）负载规划问题

我国海上风电富集地区大多处于电网末端或薄弱区，海上风电大规模集中开发和建设对地区电网安全稳定、电源协调运行和结构配置、电力消纳和外送等都将产生一定程度的影响，区域电网间输电能力也比较弱，跨区域输电能力将更弱，跨地区、跨省市、跨区域的负载构成规划不是很合理，这给电网进行节能调度带来了一定的困难，企业应根据负载需求，合理规划电源结构以确保系统安全稳定运行。

（3）机组本身问题

电力系统构建的过程中，发电机组本身会存在互相影响，机组开机核定方式不能完全适应大规模海上风电并网的需要和要求，因此，需要将发电机组分层管理、分级调度，确保电力系统安全稳定地运行。

上述调度管理模式存在的问题，具有一定的根本性、全局性和关键性特点，需要从调度技术和科学管理等方面进行全方位解决，确保电网在运行过程中的安全性与稳定性。

2.1.3.3　风电上网电价存在局限性

海上风电成本高、大规模开发上网难已经成为制约我国海上风电产业快速发展和商业化运营的主要因素。据测算，海上风电的平均发电成本比煤炭发电高 50% 左右，上网电价高 60%，针对高额的发电成本和上网电价，国家出台了风电上网电价的补偿政策，制定了四类风电标杆电价，实行了风电费用分摊制度，虽然这些政策在某种程度上会避免一定范围的价格波动风险，但风电标杆电价对于风电缺乏有效的引导，风电费用分摊制度没有细化落地，实施层面上存在一定的局限性。

2.1.3.4　风电配额制度仍需完善

近些年，我国海上风电规模化快速发展，造成电力运行管理机制、机组开机核定方式和电网消纳风电的能力在某种程度上不能完全适应大规模海上风电并网的需要和发展，其瓶颈主要在于风能的随机性、间歇性和不稳定性，使过程性能源的储存变得困难，这些将导致电力系统运行的安全性、稳定性和经济性问题日益凸显。为了缓解这一现状，我国提出了风电配额制度，提高了电网消纳风电能力，缓解了弃风限电问题，保障了海上风电项目的稳定收益，但在并网电量收购体系建设和辅助服务补偿机制建设方面还需进一步加强和完善。

2.1.3.5　风电功率预测水平有待提升

风电场功率预测的准确性直接影响海上风电调度规划能否合理安排各发电机组电源，优先使用新能源电源、减少燃料电源的使用率，有效降低电力系统的整体运营成本。大型海上风电场风电出力情况与风速、风向等气象数据密切相关，风速的波动性和不确定性会造成风电出力的不稳定性，实际风电功率预测误差有时可能无法达到负荷预测误差的标准和要求。因此，需要进一步提升风电功率预测水平，减少预测误差，为完善电力系统实现实时调度监测预警机制提供数据参考，为海上风电调度管理提供技术支持，从而保证电网在运行过程中的安全性与稳定性。

2.1.3.6　电力市场建设缓慢

风电企业调度最主要的目标是总成本最小，电力现货市场主要是由于风电和光伏发电而出现的，它作为风电企业消纳风电的一个开放交易平台，可以实时协调风电电量的供给关系，不仅能为电力企业供应方和用电企业用电方之间建立一种相互自由选择的契约关系，还能刺激电力企业认购绿色电力证书，使之消费绿色电力，从而推动碳交易市场，降低碳排放量，推动节能减排，平衡电力市场电量，使电力市场朝着健康、清洁、多赢的方向发展。我国也将持续推进全面放开经营性发用电计划政策，但就目前来看，电力现货市场试点建设工作推动比较缓慢，有关试点建设工作的指导性意见还未出台，一些操作层面的实施细则还未落地，电力中长期交易与现货交易相结合的电力市场体系还需进一步完善。

2.2　海上风电并网电力系统模型及并网方式

2.2.1　电力系统模型架构

海上风电场电力系统是一个复杂而庞大的动态稳定系统，它由海上变电站、输电线路、岸上换流器及岸上电网四大部分组成，海上风电场与海上变电站由连接点相连，海上变电站与岸上电网由连接到陆上电网的公共连接点相连，其主要功能是维持发电、输电、用电之间的功率平衡，海上风电场电力系统模型的总体架构如图2-2所示。

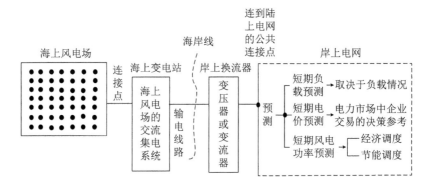

图2-2　海上风电场电力系统模型的总体架构

一个风电场总体布局设计的目的是使风力发电机的产能最大，这种设计除了需要了解海上风电场电力系统总架构的各部分作用外，还需考虑风力和风向的分布、风力发电机之间的湍流影响、风场位置及计划的可行性等因素。海上风电场电力系统总架构的各部分功能如下。

2.2.1.1　海上变电站

海上变电站的作用在于提高海上风电场的电压输送等级，从而减少电能损耗，海上变电站还可以汇集分散于各个风电机组的电能，控制电流与电能流向，并能够更好地控制电能质量，当风电机组、海底电缆或海上变电站出现故障时，能够利用海上变电站电气主接线来切断线路以隔离故障区域，使故障影响降到最低，保证供电稳定性。

2.2.1.2　输电线路

输电线路与岸上变压器（变流器）直接相连，是一种最简单的接线方式，特点为断路器少，接线简单，成本低，运行可靠、经济，有利于出现故障时及时恢复供电操作。

2.2.1.3　岸上电网

岸上电网主要通过编制发电计划、调度管理各类发电电源供负载使用，从而达到电力系统发电与用电的均衡性。编制发电计划是为了使电力系统总发电成本或能耗最低而预先制定的各类发电机组的出力情况，对未来电网的运行状态起决定作用，是电力系统中能量管理的重要组成部分，对电网安全、节能、经济运行有着重要影响。

陆上风电场布局的考虑与海上不同，要考虑特定位置条件和复杂的地形。海上风电场的布局对地形和位置的限制较少，但可能会受到该海域水深和海底情况的影响。然而，通常将风电场建在水深基本相同的海域内，减少尾流和风电机之间湍流的影响成为未来设计需要考虑的主要因素。因此，与陆上同尺寸的风机相比，海上风机之间的距离要更大一些。为了满足电力系统多时段、多目标、多约束的要求，要不断提升风电调度管理水平，解决电力系统发电资源的综合优化问题，大规模风电并网会对系统供需平衡造成很大影响，这就需要准确预测风电的走势，预测是实施供需平衡调节的基础。风电预测直接关系到整个调度系统的运行成本和调度安全问题，这也将成为本书研究的重点之一。

2.2.2　并网方式

风电并网在电力行业是指发电机组的输电线路与输电网接通，风力发电有两种不同的类型。

2.2.2.1　离网型风力发电

离网型风力发电是指独立运行的风力发电方式，其发电特点是规模小，要通过蓄电池等储能装置进行供电，或者采用与其他能源发电技术相结合的方式进行供电。蓄电池在整个系统中起到稳定直流侧电压的作用，稳定交流侧电压是通过双向逆变器来实现的。其基本原理：当直流侧发电功率多于负载所需功率时，多余的能量会通过蓄电池储存起来，作为备用电量；当直流侧发电功率小于负载所需功率时，蓄电池会将备用电量释放出去，电力系统利用这种方式调节能量的供需平衡。当蓄电池电量低于一个阈值时，备用设备机组将被启动，保护蓄电池正常工作，这种并网方式一般用于解决偏远地区的供电问题。

2.2.2.2 并网型风力发电

并网型风力发电是指接入电力系统运行的发电方式，其发电特点是规模较大，由几十台或上千台风电机组组成，其容量达几百兆瓦。这种电力系统运行方式的发电场可以得到大电网的补偿和支撑，在日益开放的电力市场环境下，可充分建设、开发、利用风能资源，随着风电技术的不断发展，风电成本也在不断降低，因此，风电在国际市场上具有很大的吸引力和竞争力，是世界新能源发展的主要发展方向。

近年来，并网型风电场在国际上得到了飞速发展，除了具有能源和环保的优势外，还具有以下优势。

①相比而言，并网型风电场建设工期较短，3 个月内即可安装完毕单台风机，安装一台即可投产一台，一个 10 MW 的风电场建设只需一年的时间；由于风电机组及其备用设备具有模块化功能，因此，设计相对简单、安装容易实现。

②海上并网型风电场实际占地面积较小，节约空间、易于规划，一般来说，风电场内设备占风电场总面积的 1%，其余空间仍可作为他用。

③并网型风电场自动化程度高、管理方便，风电受到其一次能源——风能的限制。

因此，并网型风电是大规模利用风能的有效方式。

2.3　海上风电并网调度管理的关系模型

2.3.1　基于离散混合 Petri 网理论的海上风电并网调度管理流程

2.3.1.1　调度管理范围

发电调度计划是一个系统任务规划过程，是如何利用电源已符合安全判据的规划过程，所以调度计划要提前完成，称为"调度管理范围"。主要包括以下几个方面的信息：

①处于旋转状态的发电机组；

②发电机组发出的电量；

③电源的成本；

④与电源可用性相关的不确定性；

⑤发电机组在需要时可以提供的额外潜力和服务；

⑥备用设备。

电力系统中各类输电线路和发电机组可以看成是系统资源，系统中有 n 个资源，这些资源在任意时刻都有可以处于利用、被占用和不可用 3 种状态，假设在调度模型中不同任务的工作时间是一定的，用 $\gamma_{is}(i=1,2,\cdots,n)$ 表示，每个资源在同一时刻只能完成一个调度计划，假设系统中共有 k 个不同的调度计划，如各发电机组系统是处于等待状态，通过预测风电功率，发电机组在接到实际调度任务时才被调配，尽管该调度计划编制前的发电功率可以预测出来，但调度计划开始的时刻并不能确切预测，因此，系统资源在同一时刻只能执行一个调度计划。

2.3.1.2　具有记忆标识的有色 Petri 网调度管理流程

在电力系统实际运行时，在系统执行调度计划过程中一般采用相应的重构策略。根据日前不同的调度管理模式，依据各发电机组的优先排列顺序，当任务到来之前，所有发电机组都处于空闲状态，首先调度排列次序最前的发电机组进行发电，当发电机组进入工作状态后，也就是电力系统资源中有资源被其他任务占用或者不可用或者已经失效时，再依次调度其他发电机组进行发电，满足用电量的需要，直到调度管理模式发生变化为止，电力系统中各发电机组保持稳定的工作状态，即完成一个调度计划。

电力系统是一种既具有连续动态变量又具有离散动态事件的混合系统，在这个混合系统中建立调度管理模型时，要实现能反映该混合系统资源是可利用、被占用还是处于失效 3 种状态的情况，当系统处于这 3 种状态之一时，执行每个任务的调度组合方案及其调度计划排列顺序所用的时间，需要利用 Petri 网的扩展特性来实现，这里选用具有记忆标识的有色 Petri 网来表示，通常用一个二元组函数来表示混合系统资源情况，$MCPN = (CPN, f)$；其中，$CPN = (P, T, F, C, I_-, I_+, M_0)$，是有色 Petri 网；$f = P \rightarrow Q$ 是一个映射，反映混合系统资源执行任务的累计工作时间，混合系统资源每执行一次任务，其累计工作时间增加 $t_{is}(i = 1, 2, \cdots, p)$，其中 t_{is} 是混合系统资源执行一次任务所用的时间。

因此，用具有记忆标识的有色 Petri 网来构建调度任务模型，其调度步骤如下。

第一步：按照电力系统调度管理模式需求，在每个发电机组执行调度任务之前，要对风电功率进行预测，同时要将电力系统中各发电机组按照优先调度次序进行分类，将每个发电机组看作是一个执行的任务，在不同的引发条件来临时，该任务是按照调度模式需求进行工作的，并将每一个执行的任务染上颜色，作为具有记忆标识的函数；

第二步：对每个执行任务给出需要执行的任务描述，根据系统运行总成本、各发电机组发电序位表和污染物排放水平，按照任务描述和调度执行的优先次序，执行任务计划；

第三步：确定每个任务的工作时间，当任务被执行一次，其累计工作时间将增加 t_{is}，每种任务状态从可利用变为可利用或被占用或不可用 3 种状态之一，将执行任务后的状态分别染上颜色并标识记忆，对该调度计划按照引发条件进行调整，根据调整的调度计划重新调配各类资源，实现新的调度计划；

第四步：发电机组根据任务描述调配各类资源，在完成一个任务后，仍处于可利用、被占用和不可用 3 种状态之一，直到执行下一个调度管理模式，这就描述了具有记忆标识 Petri 网的调度管理任务流程，来反映一个电力系统的整体运行过程。

通过分析电力系统的整体运行过程，建立基于具有记忆标识有色 Petri

网的调度管理模型，其调度过程如图 2-3 所示。

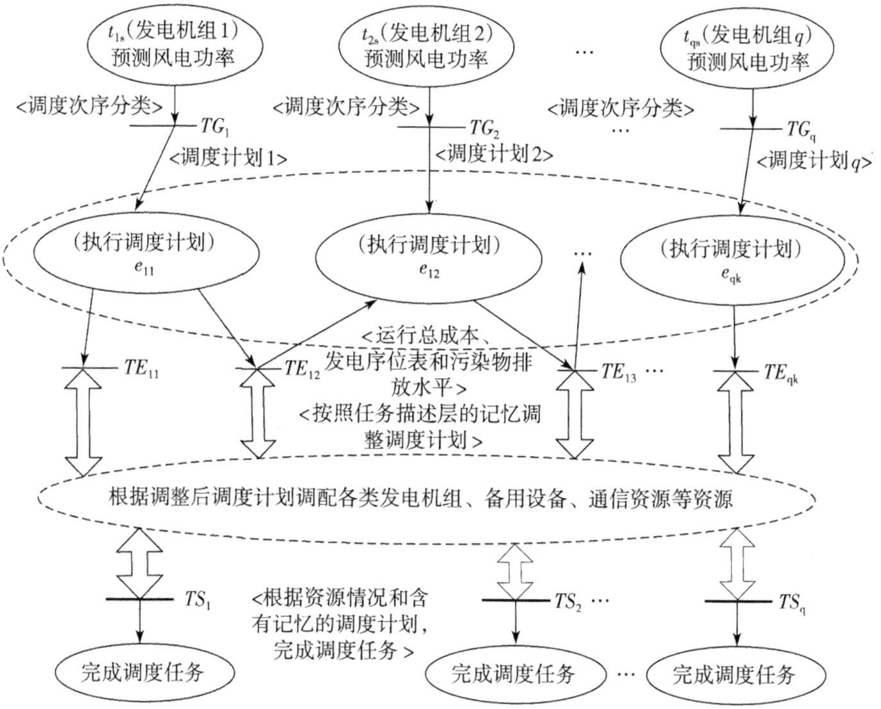

图 2-3　具有记忆的有色 Petri 网调度管理模型的调度过程

在图 2-3 中，调度管理模型由四层组成，我们这里将每一层称为一个库所，下面分别介绍这四层库所的功能：

第一层库所是电力系统调度管理需求层（库所：t_{1s} ～ t_{qs}），表示在电力系统中有 q 个不同的发电机组执行调度任务，电力系统接收到的这些任务是随机的，这些任务可能同时到来，也可能分阶段到来，变迁 TG_1 ～ TG_q 表示 q 个任务对应的变迁，其引发条件是调度次序分类情况，引发后，进行调度计划；

第二层库所是调度任务描述层 [库所：$e_{ij}(i = 1, 2, \cdots, q; j = 1, 2, \cdots, k)$]，分别表示各个调度任务（$i$ 表示 q 个任务）按照调度次序分类执行不同的调度计划，并根据调度需求重新调整和优化调度计划，执行新的调度计划，对于变迁 $TE_{ij}(i = 1, 2, \cdots, q; j = 1, 2, \cdots, k)$ 表示 q 个任务对应的变迁，各个调度任务对应不同调度执行计划（j 表示每个任务有 k 种不同的执行计划）的执行变迁，不同的执行变迁可以将本次调度执行计划和任务转移到下一个执行调度计划直至完成，其引发条件是该任务描述层中的运行总成本、发电序位表和污染物排放水平情况等；

第三层库所是资源层（库所：$r_1 \sim r_p$），表示电力系统中的所有资源，包括各类发电机组、备用设备及其通信资源等，其引发条件是根据资源情况和调整后的调度任务，执行调度计划所对应的调度任务变迁，即只要调度任务的执行计划中有一种计划所需的资源可用，调度任务便被执行并完成，被完成的调度任务可从该层中移出，变迁 $TS_1 \sim TS_q$ 表示 q 个任务完成变迁，在下一个调度执行计划库所中产生新的调度任务托肯，重新执行新的调度计划任务描述，并按照其引发条件执行新的调度计划任务，此时资源的托肯 $[C(P)]$ 颜色不变，以此类推，直到完成全部的调度计划任务为止；

第四层库所是任务结束层，当系统引发后，把调度任务托肯从所有输入资源层中移出，表示完成本次调度任务，结束本次调度过程，进而系统准备接收下一个新的调度计划，执行下一个新的调度任务。

由此可见，在该模型中第二层和第三层库所利用了具有记忆标识的有色 Petri 网功能，实现了风电场并网调度稳定运行，在第二层的调度任务描述层和第三层的资源层中均有颜色托肯，用 $MCPN = (CPN, f)$ 表示；其中，$CPN = (P, T, F, C, I_-, I_+, M_0)$，是有色 Petri 网，其使电力系统在实际运行过程中，利用库所的记忆功能 [用标识值 $M(p_i)$ 表示] 实现了电力系统随时根据资源情况和调度任务描述层的计划，调整调度管理模式，有利于风电资源的有效利用和科学规划。

2.3.2　海上风电并网调度管理关系网络

海上风电的快速发展对调度运行管理带来巨大影响，从并网管理、发电管理、调度管理各个流程上对风电调度管理提出了严峻挑战，企业需根据自身发展和定位，进一步研究不同发电类型的调度运行管理模式，对进一步提高电力企业管理效率和能力、保障电网安全稳定运行具有重要的现实意义。

在电力系统得到调度管理需求后，按照调度分类规划，将调度任务下达给电力系统，电力系统接到指令后，按照任务的描述和调度分类规划，协调电力系统各类资源，完成电网的调度任务。当风电接入电网后，为了减少风电间歇式特性对电网安全运行和供电质量的不利影响，进一步提高电力企业自身的经济效益，通过动态调整负载率，使电网用电度保持在一个电力系统调度规划可接收的范围，从而确定大规模风电接入系统的备用容量范围，以适应调度任务的分类规划。

在电力系统实际调度管理过程中，为了保证风电并网后电网调度运行的安全性和稳定性，电力企业调度管理人员需要根据电网运行的实际情况，了解并掌握在当前条件下，风电场能够最大接纳风电的能力、风电场和风机的实际出力、电网中其他电源的实际出力，为了适应风电出力变化的实际情况，对负载变化进行实时调节，根据整个电力系统的电源结构、网架结构、负荷特性等因素，合理规划电力系统资源结构，实现资源的有效利用和整合，优化提高整个风电场的风电接纳能力，为下一步短期预测和调度运行提供参考。

由于海上风电的波动性和间歇性，短期风电功率预测难以精确预测未来的风电出力情况，因此，风电实际输出风电功率与预测输出风电功率之间存在一定偏差，这与发电机运行状态和电力系统发出的总电量、电源成本及并网容量等因素有关，企业为了更加准确地对风电进行调度管理，希望风电功率的预测偏差越小越好。当风电接入电网后，其波动性和不确定性对电力系统安全稳定运行产生一定的影响，这个影响来自多方面的因素，其中最主要因素是来自电力系统预留旋转备用设备容量和电力网络连接的。

影响风电调度管理的因素有很多，除了政策因素、环境因素、组织机构和人员层次这些因素外，还有风电功率预测、风接纳能力、用户负载等直接因素，由于风电自身的复杂性和不确定性，影响风电功率预测、风接纳能力、用户负载用电量的因素很多，这些影响因素的产生，相互之间有的可能没有因果关系，有的发生顺序可能没有先后关系；有的可能是电力系统自身存在的，有的可能是电网独立产生的，但这些都会对调度产生一定的影响，因此，本书为了更加准确地研究它们之间的相互影响关系，引入了离散混合Petri网的理论，通过Petri网构造节点的方式，建立一个多元组，来描述这些影响因素之间的关系，这将对风电调度管理进行综合分析研究、企业梳理调度流模式具有很实用的价值。海上风电调度管理与负载、风电功率预测、风接纳能力及相互间影响因素等调度与各相关因素的规则表示如图 2-4 所示。

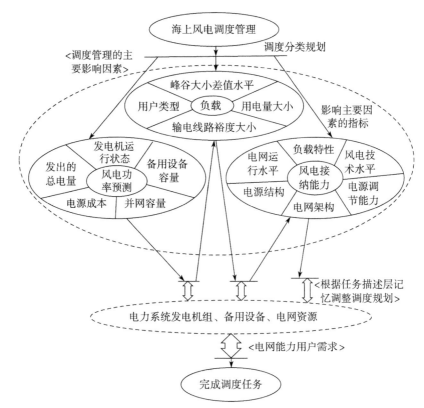

图 2-4 调度与各相关因素的规则表示

2.3.3 调度与负载的关系

为确保电力系统安全稳定地运行，电力系统工作人员准确了解电力系统的电压稳定裕度和负荷裕度至关重要，它有助于电力系统工作人员在发生紧急情况时，能够迅速采取控制手段进行有效的防控，并解决突发事件；能够避免电力系统发生大面积电压崩溃情况和出现负载突然骤升或骤降现象导致的电网不能正常工作或负荷用电不稳定的情况发生，减少给电网运行带来不必要的损失。

电力系统调度规划管理与电网用电度密切相关，衡量电网用电度的一个重要指标是负载率，把有功潮流与电力系统中各种设备规定的有功潮流之比定义为负载率。对于负载率比较低的线路，相应的输出电压容量就会较大，电网的备用容量也大，输电线路的裕度就大，电力系统的调度管理能力增强，电压稳定裕度的增大对于在电力系统某一时刻负荷突然增长时或发生紧急情况时，能够满足电力系统工作人员调度的需求，确保电力系统稳定运行；如果电网发生扰动，有可能会出现负载率较高的线路超过输电线路传输极限，进而有可能造成电力系统出现故障。因此，在电网的实际运行过程中，为了避免出现因电力系统调度规划问题而导致负载线路在电网运行后无法缓解的情况，在电网规划阶段，应将输电线路的负载率作为未来调度规划内容，一般情况下，电力系统输电线路会留有一定的电压容量裕度，电力系统调度管理人员通过对输电线路的潮流进行调整，以平衡各线路的负载率。输电线路负载率的大小能够反映电网的运行状况，在降低电网的能耗、有效进行电力系统调度管理、提高电力系统经济性中起着重要的作用。

在分析电力系统稳定性时，一般采用最优潮流法。最优潮流法是 20 世纪 60 年代由 Carpentier J. 提出的，最优潮流法是把交流潮流方程和线路传输限值作为有功负荷优化并进行分配的约束问题，它是负荷分配问题的发展和延伸。最优潮流法对电力系统中局部电压进行参数化分析，从而计算出电压骤变点，利用这种方法可以得到电力系统中各发电机组的电压工作情况，为电力系统工作人员在突发情况，如电压失稳、负荷波动等时，能快速采取合理的电压稳定控制提供了理论依据和解决方法。

在电力系统运行中，负载率的高低将直接影响调度规划管理的能力，从而影响电力系统运行的稳定性，优化调度与负载之间的关系如图 2-5 所示。

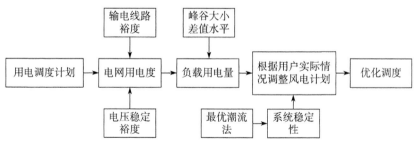

图 2-5　优化调度与负载之间的关系

2.3.4 调度与风电接纳能力的关系

电网的风电接纳能力是指在保证电网安全稳定运行的情况下，在全面考虑电力系统经济性和风电自身特点的前提下，电网能够允许接收的最大风电能力。影响风电接纳能力的因素主要来自电网的影响和风电的影响两个方面。电网的影响因素主要包括电网架构、电源结构、负荷特性、电源调节能力、电网运行水平及风电技术水平等；风电的影响因素主要包括风电实际出力水平、风电功率预测误差、风电实际发电量情况和风电分布情况等。风电调度管理与风电接纳能力密切相关，风电是一种取之不尽用之不竭的能源，但是风电不能储存，因此，准确地预测出电网能够接收的最大风电能力至关重要，这样能够减少弃风，有助于电力系统工作人员合理安排电网中各发电机组的构成，按照调度计划合理调度电网中各发电机组的发电顺序，进一步提高风电利用率。

电力系统实际上是一个电能可实时动态平衡的系统，需要计划发电量、有效输电量和预测用电量三者达到动态平衡的重复过程。电力系统的负荷用电量是可以预测的，常规电源一般是根据负荷预测结果来调节其发出电力，其类型、容量和峰谷等差别都将影响到电力系统风电接纳能力，加强负荷侧管理对实现电力系统动态平衡至关重要。当风力发电机装机容量比较小时，电网在实际运行时风电出力可忽略不计，其电力系统发电量和负荷用电量是通过利用传统电源的调节来完成电力系统的平衡；当风力发电机装机容量比较大时，可通过风电技术手段增加可调节性负荷，使负荷用电量的变化能够实时适应风电出力的变化，进而有效提高风电接纳能力，确保电力系统的动态平衡。

风电受海上自然风的影响，其出力具有随机波动性和不可控性的特点，一般需要与其他电源共同平衡负荷侧的实际需求。当风电出力增大或减小时，需要调度火电机组快速响应减少或增加风电出力，确保电力系统实现实时电力平衡；当火电机组的响应速度不能满足风电出力的需求时，为了保证电力系统的电力平衡，需要限制风电出力，来确保电力系统保持实时平衡。可见，在电力系统实际运行中，风电调度与风电接纳能力具有非常密切的联系。

基于上述的分析可知，在电力系统中，风电调度管理与其接纳能力密切相关，两者间的关系如图 2-6 所示。

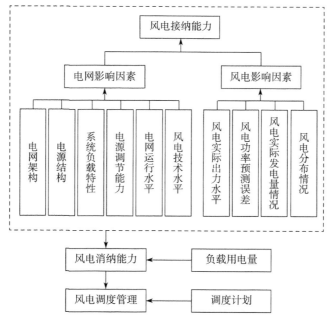

图 2-6　风电调度管理与风电接纳能力之间的关系

2.3.5　调度与预测的关系

　　风电功率预测对电力系统具有重要意义，它能使电网调度中心的工作人员合理安排发电计划，根据动态的调度规划进行调度管理，实现在线调度规划。风能不能储存，只有当它可用时才能发电，控制发电量的方法只有弃风，这显然不是一个明智的选择。为了节约能源，电力企业进行科学有效的调度管理就显得尤为重要。为保证电力系统的稳定运行，发电和负载要始终保持平衡。电力系统调度管理实际上就是如何规划各类电源，以保证电力系统安全稳定的运行，以符合经济判据和节能判据的一个规划过程。因此，调度管理的规划要提前完成，主要包括以下四步。

　　①在进行电力系统调度管理前，科学准确地对风电发电功率进行预测是影响调度管理规划的重要因素，首先要深入分析风速与发电功率的关系、风向与发电功率的关系；其次要挖掘风电功率变化的日相似性，并根据风电发电功率预测误差的大小，分析风电发电功率的实际变化情况，并对风电发电

功率预测误差进行修正，有利于在进行风电调度管理时，使电力企业合理调配各类发电机组电量，根据负荷用户的总需求，控制发出的总电量。

②在进行电力系统调度管理前，还要确定处于旋转状态的各类发电机组（包括备用发电机组）和各类发电机组（包括备用发电机组）旋转时发出的总电量，以及各类发电机组发电调度的优先级和污染物排放水平排序情况。

③在企业确定调度管理模式前，要确定参加调度的各类可用电源的成本、影响各类电源可用性，以及与之相关的各种不确定性因素和各类辅助服务成本。

④在调度管理模式选择时，要确定各发电机组在需要时可以提供的最大电量和辅助服务，明确影响最大电量的各类约束情况，根据企业自身定位和优化目标，确定企业运营模式，实现优化调度。

要想确定影响调度管理规划的这些因素，需要在此之前进行准确的风电功率预测，企业在进行调度时要以预测为依据，根据海上风电功率预测误差留出风电功率调度裕度，预测误差对决策过程非常关键，因此，风电功率预测的准确性对调度管理至关重要，它是实施电力系统供需平衡调节的基础，直接关系到整个调度系统的运行成本、发电量大小和调度安全等诸多问题。

调度与风电功率预测之间的关系如图 2-7 所示。

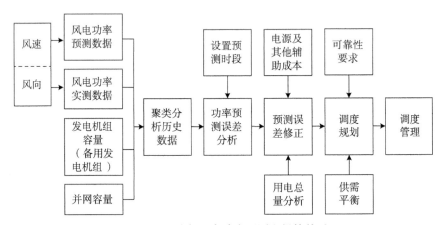

图 2-7　调度与风电功率预测之间的关系

2.4　海上风电并网调度管理模式的总体架构

2.4.1　海上风电并网调度管理模式的必要性分析

电力系统优化经济运行是电力系统调度管理与运行中非常重要的课题。把投资成本和运行成本都考虑在内的总成本最小化是大多数调度管理的基础，也是电力系统优化运行的最基本原则。

随着风电的快速增长，风电在我国电力系统中的比重不断攀升，大规模风电给电网功率平衡、频率控制、潮流分布、调峰调压、系统安全稳定及电能质量等方面带来越来越大的影响，也对电力系统调度管理模式和设计提出了新的挑战，传统的调度管理模式已经不能完全适应目前大规模风电场调度运行的需要，如何在保证电网安全运行的同时能够进行科学合理的风电调度，是电力企业快速发展和关注的首要问题，因此，研究开发和设计适应风电接入需求和特点的大规模风电协调控制系统非常必要，其必要性主要表现在以下几个方面。

①现有的电网系统缺少有效的风电自动调控系统，由于风电的不确定性特点，增加了电网调控的难度，从而影响了电网的风电接纳能力。

②风电场应具备有功调节能力，应充分加以利用服务电网，在全网频率处于紧急情况下使风电辅助参与电网调节。

③在风电场常规运行时，应充分利用风电，仅当电网安全出现问题时才应限制风电，调节时也应尽量保证风电利用最大化。

由此可见，大规模风电并网在储能效能利用率、负载特性和增加风电接纳能力等方面都处于重要地位。合理调度风电对促进电力系统经济运行起到了积极作用。但根据不同的需求和风电的特性，将调度管理模式按预测尺度进行设计和分类。一般的调度管理模式主要以日前调度计划和自动发电控制两个阶段为主，根据风电功率预测结果、负载实际需求、电网接纳能力等指标参数，确定次日各时段发电机组启停计划和发电功率输出水平，构建具有多种约束条件的调度管理模型，根据风电功率预测误差和实际负载需求，合理编制日前调度规划；通过对自动发电机组优先发电的需要进行实时调节，保证电力系统发电与用电功率的实时平衡，实现优化调度管理。

2.4.2　调度管理模式框架

根据上文分析得到调度管理模式的总体框架，如图 2-8 所示。

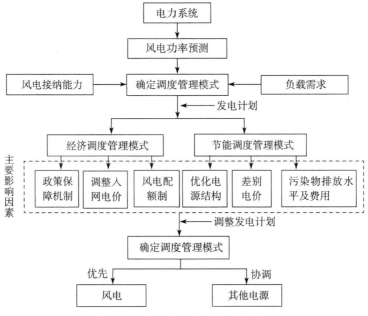

图 2-8　调度管理模式的总体框架

2.5　本章小结

本章主要介绍了海上风电并网电力系统模型架构和并网方式；剖析了调度管理存在的主要问题；分析了海上风电并网调度管理的关系网络；阐述了负载、风电接纳能力、预测和调度的关系；在充分分析调度管理模式设计需求的基础上，构建了基于离散混合 Petri 网的调度管理流程和调度管理模式架构，为后续章节的功率预测、调度管理模式奠定了基础。

第3章 海上风电功率预测方法研究

3.1 海上风电功率预测的必要性及其对调度的影响

3.1.1 海上风电功率预测的必要性

随着风电技术的快速发展，全球电力需求中风电所占的比例越来越大，风电场并网规模和发电机单机容量不断增加，对电网的要求也越来越高，这对电力企业提出了严峻的考验。由于风电所特有的间歇性和不确定性，增加了电网调度的难度，如何在满足供电需求的基础上，确保电网安全稳定运行和电力系统供电的可靠性是电力企业面临的首要问题，这就需要电力企业对供电系统进行有效规划，合理制定动态调整机制，满足供电需求[106]。

风电功率预测是大规模风电场并网安全稳定运行的先决条件，其准确性是风电进行科学调度运行管理的重要内容，直接关系到电网的供需平衡，影响并网系统的运营成本[107]，这和国家电网提出的风电"有效出力"密切相关。为了提高风电输出功率预测的准确性，国内外专家学者对风电输出功率预测方法、预测误差、预测模型利用和分类、气象条件诊断等进行了大量研究。

3.1.1.1 风电功率预测方法适用条件方面的研究

卫鹏等（2017）提出随机潮流算法能反映大规模新能源接入下，系统的不确定性和多个新能源电站出力相关性，为电力系统规划和决策人员提供有价值的信息[108]。Joel 等（2016）研究了发电机的工作状态和使用条件，在充分考虑历史数据的基础上，加入了数值天气预报（Numerical Weather Prediction，NWP）数据，使得短期预测方法能够根据不同的研究对象进行分类，进而提高预测精度[109]。Martinez 等（2016）研究了高聚集容量短期风电功率所需的使用条件[110]。Sinha 等（2017）根据风廓线数据分类情况，研究了风电预测的使用方法[111]。陈昌松等（2009）提出了一种加入天气预报信息的神经网络发电预测模型的设计方案，采用发电量序列、日类型指数和气温建立了神经网络预测模型，并对改造好的模型进行了测试和评估[112]。由于风速问题和风电功率的复杂性，在进行风电功率预测方法适用条件分析时，应充分考虑空间的相互依赖性，实现风电与电网的有机融合。

3.1.1.2 风电功率预测误差方面的研究

Li 等（2014）将风电功率预测误差归类、预测相位误差和预测时宜误差进行了研究，分析影响风电功率预测准确的因素，利用归一化方法对不同风电场发电进行交叉对比，得到了很好的预测效果[113]。Sangitab 等（2011）采用了支持向量机的方法进行风速预测，方法简单，但预测误差效果一般[114]。Nayak 等（2015）为了更真实地描述风电场系统的复杂性，同时保证预测精度，利用统计分析，对输入的风速、风向等数据采取归一性的方法，使输出数据具有可利用性[115]。Zhang 等（2018）将风的各变量作为输入数据进行多模型分析，数据结果相对准确，但预测误差不是十分理想[116]。温锦斌等（2013）将样本负荷数据分解成不同的几部分，对每一部分用不同方法进行分析；其中，低频部分用一元线性回归的方法预测；高频部分用提升小波和神经网络相结合的方法训练和预测，最后将各部分的预测结果进行叠加，进一步提高风电负荷的预测精度[117]。Watson 等（1994）早在 20 世纪 90 年代就研究了风电预测的置信度在风电预测应用中的重要性，为后来的研究奠定了一定的基础[118]。Jonathan 等（2009）在预测模型构建过程中发现，参数的不确定性对每个数值模型都是至关重要的，对预测具有重要意义。对不同输入参数的模型灵敏度的分析，对预测误差进行量化，可以降低预测误差[119]。Kallio 等（2018）研究了海上风速和风电的短期可预测性，研究发现，海上风电场的预测误差主要依赖于短期（48 h）电力输出的预测，混合预测优于单一预测，短期 36 h 预测的额定功率相对均方根误差为 16%[120]。虽然这些研究都取得了一些成果，但构建模型一般是采用加大供电系统的旋转备用设备容量，这无疑间接地增加了风电的整体运营成本，这就需要对风电输出功率进行准确的预测，选择合适的模型至关重要。

3.1.1.3 风电功率预测模型分类及气象条件诊断方面的研究

Ouyang 等（2017）利用大气稳定性对数据进行分块处理，同时对预测模型进行修正，以提高模型的性能[121]。董振斌等（2017）将风电建模作为多状态发电机组，基于可中断负荷响应建立风电停运模型，目的是考虑风电功率预测误差的不确定性，进而综合评估含有风电、可中断负荷不确定性的系统可靠性和置信度[122]。Munteanu 等（2016）将获取的风电数据进行处理，将处理后的数据进行分析，得到很好的效果[123]。Saleh 等（2016）采用样本的气象数据进行多场景采样、支持向量机、时间序列分析、线性预测等多种方法进行预测，得出风速和风向变化频繁度和不确定性[124]。Heinermann 等（2016）通过风速的预测，考虑多种物理因素来达到最佳的预测精度和预测效果[125]。Croonenbroeck 等（2015）用风电场的历史功率、历史风速风向、地形地貌、风电机组运行状态等数据建立风电场输出功率的预测模型，提出一种通用的大型风电场误差基准评估方法[126]。Zha 等（2016）根据不同海域的气象条件，对风能进行诊断，并将影响误差的关键因素进行分类研究，加强对大气物理特性的描述，从而降低预测误差[127]。风电的置信度与传统能源不同，风自身具有波动性，风电对地势和气象条件、空间条件依赖性强，这些都将导致风电量上下波动，为电力系统准确调度带来了难度。

为了使所选择的预测方法能准确预测出风电功率，供企业人员进行调度规划，可以通过增加安全约束来改进异构集成预测，降低预测误差。由于海上气象条件和数据的复杂性，采用多种预测方法相结合进行风电数据处理并分析，能够使预测结果更加真实有效。根据目前已有的研究成果，结合不同海域风电与电网空间关系的依赖性，根据海上风电功率预测方法的适用条件，寻找风速、风向与风电功率的关系，通过改进现有的预测方法，进一步降低预测误差，为电力企业进行科学调度决策提供有力依据。

3.1.2　海上风电功率预测对调度的影响

准确的海上风电功率预测是智能电网实现科学规划管理的基础，是提高电力系统调度规划管理、缓解电力系统调峰调压、提高风电接纳能力的有效手段之一，风电功率预测误差的大小是影响电力系统准确调度的关键因素，电力企业在进行调度管理前，要以风电功率预测结果为依据，并根据海上风电功率预测误差留出风电功率调度裕量，风电功率预测的准确性对调度管理决策过程至关重要，主要体现在以下几个方面。

3.1.2.1   风电功率预测是系统实施供需平衡的基础

在电力系统调度前，分析风电功率预测与调度的关系，有利于在进行调度时，能够准确调配各类发电机组，并根据用户负荷的需求，合理调节发出的总电量，降低系统的总体运行成本。

3.1.2.2   风电功率预测误差是电力系统调度的依据

在电力系统调度时，首先要确定各发电机组能够提供的最大发电量，同时要考虑预测误差的大小，风电功率预测误差受多种因素影响，如空间范围、时间尺度、建模对象、预测模型等，由于受多种因素的影响，使得预测功率的预测值与实际值之间的误差不理想，因此，在进行电力系统预测时，要根据预测数据特征，具有针对性地构建不同的预测模型；对于不同海域的风电场，要根据环境、气候等因素选择不同的预测方法，缩短预测时间尺度，减少风电功率预测误差，使电力系统调度管理部门及时调整调度计划，制定有利于电力企业发展的调度管理机制和风电场控制策略，尽可能减少由于风电的不稳定性对电网造成影响，适当降低备用设备容量，进而降低风电系统成本，使电力系统供电和负荷需求之间能够时刻保持动态平衡。

3.1.2.3   风电功率预测结果是电力系统调度的关键

电力企业在经济调度模式运行下，利用风电预测结果，根据企业接纳风电的能力，分区域分层级安排各类发电机组运行状态，尽量减少弃风，节约企业运营成本，使企业获得更多利润；企业在节能调度模式运行下，根据风电预测结果，合理安排各类电机组发电方式和发电顺序，预测越准确，企业根据风电预报结果预留的发电机组容量越小，这将极大地提高能源利用效率，节约企业经济成本，确保系统安全稳定运行。

3.2   风速和风向与风电功率的关系

3.2.1   风速与风电功率的关系

风速是风电过程中影响权重很大的重要因素，受季节、地势及时间的影响很大，其波动性、随机性强。但是，同一地区的风速在季节上、时间上具有一定的周期性和规律性。

风电场的输出功率受气象条件、风电场分布情况等多种因素影响，其中风速和风向的影响权重占 96.4%。为了更好地研究风速，构建双因素韦布尔（Weibull）风速分布模型，它是单峰的，有两个影响因素，可以通过改变这两个参数来实现模拟各种风速状况，其中，双因素 Weibull 分布风速概率密度函数为

$$f(v) = \left(\frac{k}{c} \right) \left(\frac{v}{c} \right)^{k-1} \exp \left[-\left(\frac{v}{c} \right)^{k} \right] \qquad (3-1)$$

式中，v 是风速，m/s；c 是 Weibull 尺度系数，m/s；k 是 Weibull 形状系数，$k \in [1.5, 303]$。

概率分布函数为

$$F(v) = \int_{0}^{v} f(v) \mathrm{d}v = 1 - \exp \left[-\left(\frac{v}{c} \right)^{k} \right] \qquad (3-2)$$

在平均风速情况下，拟合 Weibull 分布风速曲线，其中参数 $k \approx 2.4912$，尺度参数 $c \approx 4.0497$，某风电场风速 Weibull 概率分布曲线如图 3-1 所示。

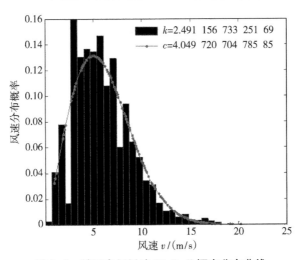

图 3-1　某风电场风速 Weibull 概率分布曲线

通常情况下，风速与高度成正比，高度越高，风速越大，实际情况下风速与高度之间的关系如下：

$$v = v_1 \left(\frac{h}{h_1} \right)^{n} \qquad (3-3)$$

式中，v 为距地面 h 处的风速；v_1 为已知距地面 h_1 处的风速；h、h_1 为距地面的高度；$n \in 0.125 \sim 0.500$，稳定情况下 n 取 1/7，风机高度越高，风速越大，风力发电机获得的机械能更大。

风的气流越大，风力发电机扇叶扫掠的风能就越大，风能转换公式如式（3-4）：

$$P = Av\left(\frac{\rho v^2}{2}\right) = \frac{1}{2}\rho A v^3 \qquad (3-4)$$

式中，P 为风电功率，W；A 为风力发电机扇叶扫掠面积，m^2；v 为风速，m/s；ρ 为空气密度，kg/m^3，通常取 1.225 kg/m^3。

风力发电机捕获功率如式（3-5）：

$$P = \frac{1}{2}\rho A v^3 C_p \qquad (3-5)$$

式中，C_p 为风力发电机功率系数；v 为风速，m/s；A 为风力发电机扇叶掠过面积，m^2；ρ 是空气密度，kg/m^3；P 为风力发电机输出功率，kW。

风电场在实际运行过程中，由于风速存在波动性和间歇性，其输出功率并不是一直都能满足并网要求的，甚至不是一直存在的。当风速小于切入风速时，不满足风力发电机切入条件，不输出风电功率；当风速大于切入风速时，风力发电机开始运行，输出风电功率随着风速的增加而增大；当风速不断增加，达到额定功率时，此时输出风电功率达到最大值，为了防止风轮转动过快对风力发电机造成伤害，必须切机，这时风电功率为零。当风速满足风力发电机运行约束条件时，风力发电机输出功率将增长缓慢，当增长到风速高于额定风速而小于切出风速时，风力发电机按最大额定输出功率输出。风电输出功率的函数表达如式（3-6）：

$$P_w = \begin{cases} 0 & 0 \leq v \leq v_{in} \text{ 或 } v \geq v_{out} \\ \dfrac{v^3 - v_{in}^3}{v_R^3 - v_{in}^3} & v_{in} < v < v_r \\ P_c & v_r \leq v < v_{out} \end{cases} \qquad (3-6)$$

式中，p_w 为实际输出功率；p_c 为额定输出功率；v 为风速；v_{in} 为切入风速；v_{out} 为切出风速；v_r 为额定风速。

图 3-2 是某风电场实测风速与输出功率的散点图，由图可见，在实际运行时，风速的分布不完全遵循对数函数的风廓线，而且在风速达最大值时，存在一定的滞后性；在风速大小相同时，其风电输出功率也不唯一。

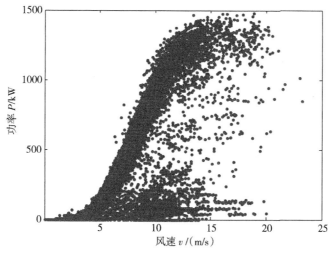

图 3-2　某风电场实测风速与输出功率的散点图

考虑常规情况后，我们还需要考虑以下几种极端情况。

（1）风速骤降

风速从某一时刻开始，沿某一斜率急速下降，当风速低于风机规定切入风速时，风机脱网，具体变化情况如图 3-3 所示。

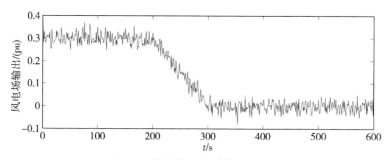

图 3-3　风速骤降导致的风机脱网

（2）风速上升

当风速从某一时刻开始，按照某一斜率逐渐升高，当风速升高超过切入风速时，此时，风机的输出功率将保持在一定的范围内，并在一段时间内保持相对稳定状态，风速攀升导致风机的输出功率的变化情况如图 3-4 所示。

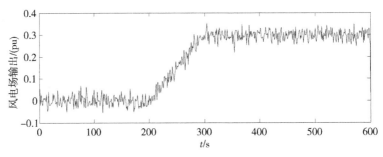

图 3-4　风速攀升导致风机的输出功率的变化情况

（3）风力短期突降

当风速在某一时刻出现突然下降，并马上立即回升的情形，此时风机输出功率会突然下降到波谷后又迅速回升，风速突降并立马回升的风机输出功率的变化情况如图 3-5 所示。

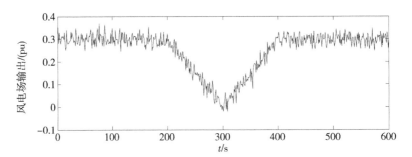

图 3-5　风速突降并立马回升的风机输出功率的变化情况

（4）阵风

风速在某一时刻突然上升后又快速回降，此时风机输出功率会突然上升到波峰后又迅速下降，风速突然上升后又快速回降的风机输出功率的变化情况如图 3-6 所示。

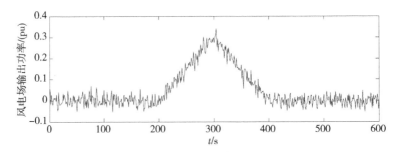

图 3-6　风速突然上升后又快速回降的风机输出功率的变化情况

3.2.2　风向与风电功率的关系

风向是指风吹来的方向，我们一般使用 16 个坐标方位来表示风向，如图 3-7 所示。

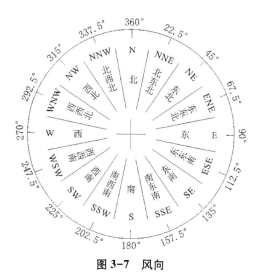

图 3-7　风向

风电场有很多风电机组，它们的排列相互交错，当有风吹过风机风轮时，将有一部分风能被前面风机的风轮吸收，因此，风在经过前面风机风轮后的风能减少，风速也随之降低，排列在风吹来方向后面的风机，所获得的风能将减少，发电机组出力也随之降低。为此，我们采用量化分析的方法来分析风向对风电输出功率的影响，用效率系数来表示其影响程度，表示为

$$\eta = P_{m}/P_{f} \tag{3-7}$$

式中，P_{m} 为风机的实际输出功率，kW；P_{f} 为同样工况下，风机的输出功率，kW；风电场在不同工况状态下的效率分布位置如图 3-8 所示。

由图 3-8 可以看出，风速与风电场效率存在着一定的正相关性，当风速较低时，有些风向的风电场输出效率也比较低；当风速较高时，风电场输出效率也逐渐升高；当风速继续升高，超过额定风速值后，风电场输出功率将保持稳定，不再受风向和尾流效应等因素的影响，其输出将按着额定功率输出。

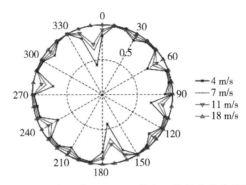

图 3-8　风电场在不同工况状态下的效率分布位置

3.3　海上风电功率预测方法的选择

　　海上风电功率预测受多种因素的影响,如地球自转、气象条件、地形分布、障碍物等,根据分析,某些天的风速变化情况呈现出一定程度的相似性,不同日的风电功率变化趋势也十分相似。目前,对海上风电功率预测使用较多的是 K-近邻算法和 K-均值聚类法,这两种方法在使用中存在一定的优缺点,具体表现如下。

　　K-近邻算法在海上风电功率预测中,主要是通过计算预测点临近的 k 个数据与中心数据之间的向量关系,其距离利用数据间简单取平均的方法,这种方法的预测误差并不是很尽如人意,不能完全满足实际风电输出功率预测精度的需要,因此,本书对 K-近邻算法进行改进,降低其预测误差,使它更适合风电输出功率的预测需要。

　　K-均值聚类法在大数据集上收敛很慢,特别适合海上风电这种大型数据的分析,这种方法通过给定的数据集和创建的簇数,把相同属性的数据集样本归在一起,使之局部达到最小值,但在实际计算中,会出现局部多个最小值的情况,因此,本书对 K-均值聚类法的目标函数进行了改进,确定最优簇数,使之最终得到一个最小值,进而得到全局最优解。

　　本书在深入分析已有的海上风电功率预测方法的基础上,针对存在的问题,对现有的预测方法进行了改进,对海上风电功率准确度预测具有一定的实际意义。

3.3.1　基于改进 K-近邻算法的海上风电功率预测

3.3.1.1　K-近邻算法的原理

K-近邻算法是一种比较常用的预测分类算法，最早由 Cover 和 Hart 提出，现已应用于各种数据分类及工程预测领域，它的优点在于基于历史数据建模、速度快、精度高、对失真数据不敏感等；但也存在一些缺点，如严重依赖历史数据建模、精度与历史数据数量相关性强、算法预测速度与预测影响因素数量呈线性增长、预测影响因素越多、预测时间越长。

K-近邻算法的预测原理：假定一个数据样本训练集 x，计算出 x 与 $N = \sum_{i=1}^{c} N_i$ 个数据样本之间的距离，并按照该实际距离远近进行排序，在训练数据集中可以找到 x 与它最近的 k 个样本，然后将相应数据进行平均计算，就能得到相应的预测数据。计算距离的方法很多，常见的有欧氏距离、城区距离、切比雪夫距离、闵氏距离、马氏距离、巴氏距离等，这里着重介绍欧氏距离和城区距离。

欧氏距离（Euclidean distance）定义为

$$D(d_i, d_j) = \sqrt{\sum_{k=1}^{p} (\omega_{ik} - \omega_{jk})^2} \qquad (3-8)$$

式中，d_i 和 d_j 表示为训练数据集的特征向量；ω_{ik} 表示训练数据集 d_i 的第 k 维坐标；ω_{jk} 表示训练数据集 d_j 的第 k 维坐标；p 为特征向量空间的维数（又叫复杂度）。

城区距离（City-block distance）定义为

$$D(d_i, d_j) = |\omega_{i1} - \omega_{j1}| + |\omega_{i2} - \omega_{j2}| + \cdots + |\omega_{ip} - \omega_{jp}| \qquad (3-9)$$

式中，$d_i = (\omega_{i1}, \omega_{i2}, \cdots, \omega_{ip})$ 和 $d_j = (\omega_{j1}, \omega_{j2}, \cdots, \omega_{jp})$ 表示样本 W_i 和 W_j 的特征向量；$D(d_i, d_j)$ 表示样本点 d_i 和 d_j 间的距离。

一般 K-近邻算法在实际的风电功率预测中，主要考虑预测点临近的 k 个点数值取平均，但是，只利用数据取平均的方法，其预测误差并不是很尽如人意，不能完全满足实际风电输出功率预测误差的标准，因此，我们需要对一般的 K-近邻算法进行进一步改进，使它更适合风电输出功率的预测需要。

已知一组预测训练集数据为 $P_i(d_a, d_b | X_i)$，其中，X_i 为需要预测的数据，d_a、d_b 为 X_i 的影响因子，通过该预测训练集数据组，求得 k 组最近邻数

据为 X_1，X_2，$\cdots$，X_k，从而得到 X_i。考虑到风在实际情况下所具有的间歇性和波动性等特点，可能存在一定数据的失真，因此，我们将 X_i 做如下改进：

$$X_i = \sqrt{\frac{X_1^2 + X_2^2 + \cdots X_k^2}{k}} \qquad (3-10)$$

采用对数值平方平均的方法。这种方法相对于数值平均来说，对可能存在失真的数据影响较小、抗干扰性更好。

3.3.1.2 预测模型建模过程

基于 K-近邻算法，构建风电功率预测模型，具体步骤如下。

第一步：对数据进行格式化处理，考虑到预测过程中需要应用来自气象局的数值天气预报，所以在历史数据方面需要使用相同气象机构的历史实测数据、相应的风电场在相应时间点的风电功率历史输出数据、机组状态数据组成历史数据训练组，为了统一，对历史训练数据和气象机构的数值天气预报预测数据做归一化处理。

第二步：建立基于 K-近邻算法预测模型，将归一化数据导入模型，建立历史数据观测点，在实际数据仿真中仅考虑风速 v 和风向 θ 的正弦、余弦 $\sin\theta$ 和 $\cos\theta$，该模型的风电功率预测和 3 个数值天气数据相关联，故构建三维历史数据观测模型 $(v, \sin\theta, \cos\theta | P_0)$，并将风功率值投射到平面坐标系内，其中 P_0 为历史风电场风电输出功率。

第三步：根据格式化后的数值天气预报数据，计算其与历史数据因素的相关理论距离，并对距离进行最近排序，取 k 个最临近数据。k 个 P_0 取平均，即为未来某一时间点的数值，它是基于当时天气预报预测数据的风电功率预测值。

第四步：在获得全部预测风电功率数据后，与相应时间点的实际风电功率输出数据对照，误差结果不理想，我们对误差结果进行了详细分析，原因可能是由于风在实际情况下存在间歇性和波动性、数据获取可能存在一定的失真、无用数据干扰比较严重。采用对预测数值平方平均的方法，对预测数值进行处理，提高数据抗干扰性，这种方法相对于数值平均来说，能够使失真的数据对预测模型影响较小，通过重复上述步骤，得到误差结果有所改善。

3.3.2　基于 K-均值聚类法的海上风电功率预测

3.3.2.1　风电功率的日相似性分析

海上风电场在实际运行过程中所产生的风电功率大小受不同海域的地理条件、自然条件和风力资源情况等因素的影响，其中，风资源情况主要是指风速和风向的变化情况。风速的变化情况主要是指在单位时间内，空气在水平方向上下移动的距离，主要受气象因素及地理条件和切变指数等因素的影响；地理条件是指地球自转产生的昼夜交替，由于自转可能会使某些天的天气状况呈现一定程度的相似性，不同日的风电输出功率的变化趋势也具有一定程度的相似性。

图 3-9 是某海上风电场 2012 年 1—6 月的日风速趋势相似的部分曲线族。通过对数据进行整理和分析，分别构建预测模型，进行海上风电功率短期预测，设数据的分辨率为 15 min，即每 15 min 为一个样本点，4 个 1 h 样本点，一天 24 小时，预测步长为 96，余同。对应的风功率也呈现相似的变化趋势，风电功率变化趋势如图 3-10 所示。

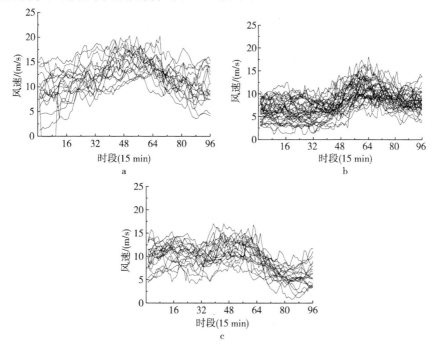

图 3-9　某海上风电场 2012 年 1—6 月的日风速趋势相似的部分曲线族

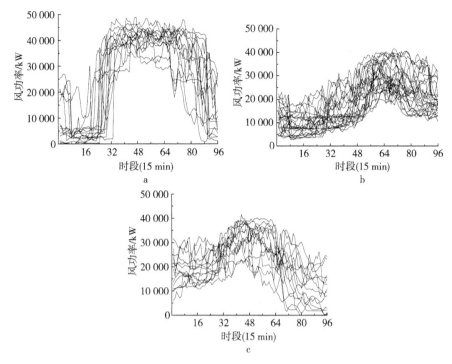

图3-10 某海上风电场 2012 年 1—6 月的日风功率趋势相似的部分曲线族

由图 3-9 和图 3-10 可以看出，相似的风速和风功率曲线在时间曲线上似乎没有一定的规律可循。各个月份中含图 3-10 a 曲线族的天数所占比例如图 3-11 所示。具有一定相似性的曲线在不同的月份出现的概率并不相同，而且在各月份出现的时间段也不相同，也就是说，相似日并不具有"属于某个月的某几天"这样的规律，所以，时间不能作为判断相似日的标准。

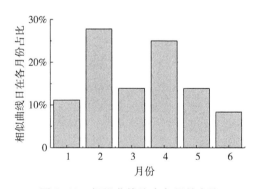

图3-11 相似曲线族中各月份占比

图 3-12 和图 3-13 分别是与图 3-10 a 中曲线的所属日期相对应的 NWP 风速曲线族和 NWP 风向曲线族，风向用圆周角 0°~360° 表示，正北方向定义为 0°。从曲线上看，相似日风速曲线族对应的天气状况也比较接近。

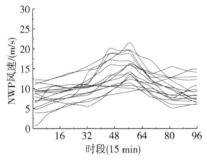 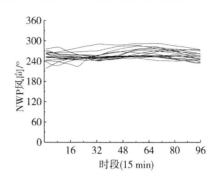

图 3-12　NWP 风速曲线族　　　　　图 3-13　NWP 风向曲线族

皮尔逊相关系数如式（3-11）所示，相关系数用 R 表示[128]。

$$R = \frac{E(XY) - E(X)E(Y)}{\sqrt{E(X^2) - E^2(X)}\sqrt{E(Y^2) - E^2(Y)}} \qquad (3-11)$$

式中，E 是数学期望。

一般来说，相关系数可以分为三级线性相关：

①低度线性相关：$|R| < 0.4$；

②显著线性相关：$0.4 \leqslant |R| < 0.7$；

③高度线性相关：$0.7 \leqslant |R| < 1$。

将图 3-12 中两个不同的 NWP 风速时间序列作为式（3-11）中的变量 X 和 Y，计算两两之间的相关系数 R，得到的 NWP 风速曲线相关系数分布如图 3-14 所示。图 3-13 为对应于图 3-15 的 NWP 风向曲线相关系数分布。图 3-14 中，NWP 风速曲线相关系数绝对值在 0.4 以下的占 10.3%，在 0.4~0.7 的占 26.5%，0.7~1.0 的占 63.2%，即低度线性相关所占比例很小，显著线性相关和高度线性相关占绝大多数，说明该 NWP 风速曲线族具有很高的相关性，相似度较大。图 3-15 中，NWP 风向曲线相关系数绝对值小于 0.4 的占 9.6%，在 0.4~0.7 的占 40.4%，0.7~1.0 的占 50%，所以该 NWP 风向曲线族也具有较高的相关性。

由于风功率序列的变化趋势与该日的天气存在一定关系，对某风电场来说，风功率的日相似性可以用与风功率有密切关系的天气信息的日相似情况来判断。气象信息是可以通过预报的方式获得的，为了进一步降低预测误差，我们根据风电功率的日相似性，找到与预测时段距离最近的训练集数据，作为建立短期预测模型的训练数据样本，因此，聚类分析法是解决相似性样本查找的一种有效方法。

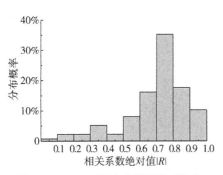

图 3-14　NWP 风速曲线相关系数分布

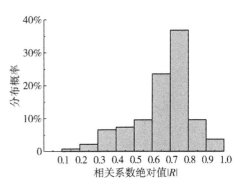

图 3-15　NWP 风向曲线相关系数分布

3.3.2.2　聚类分析计算方法

传统的聚类分析计算方法主要有[129]划分方法、层次方法、基于密度的方法、基于网格的方法和基于模型的方法。这几种分析方法的特点各有不同：划分方法大部分是基于距离的，所以只能发现球类簇，为了达到全局最优，数据分区要全局遍历；层次方法可以是基于距离的，也可以是基于类别的，还可以是基于连通的；基于密度的方法一般是基于密度的；基于网格的方法是将对象空间量化为有限数目的单元形成一个网状结构，所有聚类都在这个网状结构上进行；基于模型的方法中的目标数据集是由一系列的概率分布所决定的。传统的聚类分析计算方法在解决低维数据的聚类问题比较有效，在处理大数据及高维数据集时，不是十分有效。

现代的聚类分析计算方法主要包括高维聚类分析方法和动态聚类分析方法两类[130]。K-均值聚类法是动态聚类分析方法中最经典的一种，在给定一个数据集和用户指定创建的簇数 k，把相同属性的数据集样本归在一起，不需要训练数据进行学习，所以它是一种无监督学习方法，K-均值聚类法在大数据集上收敛很慢，通过不断地优化，在局部达到最小值，这种方法适合对大型数据进行分析，由于其简洁和高效，使得它成为所有聚类算法中最广泛使用的。

K-均值聚类分析计算方法流程如下：

第一步：随机取 k 个点作为 k 个初始质心，也就是聚类中心点；

第二步：所有样本到聚类中心点代表的 K 类 $\omega_j(l)$ 中，各类所含的样本数为 $N_j(l)$，计算每个点到 K 个质心的距离：

$$d_j(l+1) = \frac{1}{N_j(l)} \sum_{x(i) \in \omega_j(l)} x(i) \qquad (3-12)$$

式中，$x(i)$ 是每一个样本；$j = 1, 2, \cdots, k$；$i = 1, 2, \cdots, N_j(l)$

第三步：通过计算结果，将数据点距离哪个中心点最近就划分到哪一类，即相似度较高的数据样本划分到同一簇中，差异较大的数据样本置于不同簇中；

第四步：分别计算每一类的中心点，将计算结果取平均值作为新的质心；

第五步：重复以上各步，直到每一类中心在每次迭代后变化不大为止，此时的聚类结果就是最优聚类结果。

在 K-均值聚类法的计算过程中，特别需要关注以下几个关键问题。

①K-均值聚类法一般采取准则函数作为目标函数，准则函数中只存在一个全局最小值和 n 个极小值，在实际运算过程中，会陷入局部极小值，导致最终得到的不是全局最优解。

②K-均值聚类法的聚类结果受多种因素的影响，如用户设定的簇数、初始聚类中心和新的质心点的选取、数据样本的实际分布情况。

③K-均值聚类法中 k 表示聚簇个数，k 的取值决定聚类结果。K 值的选取需要根据实际的需求来确定，但通常情况下我们并不知道需将数据集聚为多少个簇最合适，需要不断计算和调整才能对数据对象进行有效的聚类，所以 K 值的选取对聚类的结果至关重要[131]。

④在确定 K-均值聚类法的最优分类数时，一般选取准则函数与分类数关系曲线的拐点作为最佳分类数。

根据上一节对风电功率的日相似性分析可知，本书采用 K-均值聚类法利用对前一日 NWP 数据进行分析，找到初始质心点；根据预测日 NWP 所属的 cluster，标注 point p. label = n，利用神经网络的方法，通过拟合同一时刻气象 NWP 数据与风电功率输出之间的函数关系，计算出预测模型中点向量的平均值，作为新的质心点；最后将预测向量输入构建的预测模型中进行多次迭代计算，当所有质心的结果都不变化时，即可得到风电功率预测值。

3.3.2.3　相似性的度量

聚类是指对所研究对象之间的相似性进行分组，由于所研究的数据类型不同，其相似性的含义也不同，因此，在将研究对象进行数据分组之前，首先必须对相似性进行定义。对于海上风电这种数值型研究对象来说，其相似度是指它们在欧氏空间中互相邻近的程度，利用相似系数函数来表示两个样本点的互相邻近程度，一般相似系数值在 0~1，然后再将样本点之间的互相邻近程度进行分类，把相似的样本置于同一类，不相似的样本置于不同类，这些样本之间的相似性本文采用欧氏距离进行度量。

欧氏距离（Euclidean distance）定义为

$$d(x_i, x_j) = \sqrt{\sum_{K=1}^{P} \left[x_i(k) - x_j(k) \right]^2} \qquad (3-13)$$

式中，$d(x_i, x_j)$ 表示 p 维向量 x_i 和 x_j 之间的距离。

由于海上风电的影响因素较多，在进行海上风电功率预测之前，一般需要将所研究数据进行归一化处理。首先确定初始聚类中心点，利用欧氏距离来度量不同日风速变化趋势之间的相似程度。根据海上风电影响因素，这里选取一个七维向量表示海上风电的数据函数集，即日气压平均值、日风速最小值、日风速最大值、日气温最小值、日气温最大值、日风向正弦平均值、日风向余弦平均值，称为日 NWP 向量，其距离定义为

$$d_i = \sqrt{\sum_{k=1}^{7} \left[x_m(k) - x_i(k) \right]^2} \qquad (3-14)$$

式中，d_i 为预测日与历史数据样本 i 之间的欧氏距离；$x_m(k)$ 为预测日的日 NWP 向量；$x_i(k)$ 为历史数据样本的日 NWP 向量，$i = 1, 2, \cdots, n$，n 为数据样本数量。

3.3.2.4 预测模型结构

径向基函数（Radial Basis Function，RBF）神经网络是一种将径向基函数作为激活函数的人工神经网络。径向基函数是一个实值函数，可以通过对其线性组合，对非线性函数进行拟合，它能够逼近任意非线性函数，其输入是训练集数据，输出是神经元函数。广义回归神经网络[132]（Generalized Regression Neural Network，GRNN）是以数理统计为基础，基于非线性回归分析对径向基函数网络进行改进的方法，通过径向基神经元和线性神经元来建立广义回归神经网络模型。与径向基函数神经网络相比，GRNN 具有更强的非线性能力、更快的学习速度和更方便的训练过程，网络普遍收敛于样本量集聚较多的优化回归，本书将该方法运用到海上风电功率预测，具有很好的预测效果[133]。

图 3-16 为基于聚类分析的短期风电功率预测模型。首先，将海上风电准则函数作为历史数据样本，这里选取的预测日 NWP 向量分别为气压、风速、气温、风向余弦和风向正弦，将它们作为输入向量，输入向量的神经元数目与学习样本中的输入向量维数应相等，但对应的学习样本不同；其次，将输入变量传递给模式层，利用 K-均值聚类法计算历史数据样本与日 NWP 向量之间的距离，按照最近邻原则分为 K 类；然后，在求和层中找出预测日 NWP 向量所属的分类，并将两种类型神经元进行求和，并以此分类中的历史数据样本作为训练样本；最后，使输出层中的神经元数目等于学习样本中输出向量的维数，利用 GRNN 方法构建海上风电功率预测模型，预测出海上风电功率预测值，通过预测结果可以看出，该方法具有很好的预测效果。

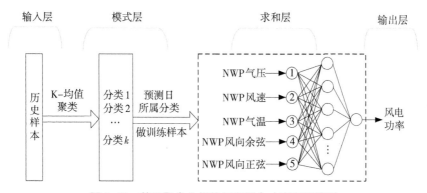

图 3-16　基于聚类分析的短期风电功率预测模型

设径向基函数是一个离原点距离的实值函数，表示为

$$\varphi(x) = \| x \| \tag{3-15}$$

若 c 点是它的质心点，径向基函数到任意一点 c 的距离，利用式（3-15）可得

$$\varphi(x, c) = \| x - c \| \tag{3-16}$$

每一个历史数据样本都有一个对应的径向基神经元，当对海上风电功率预测模型进行训练时，可通过式（3-16）计算各输入向量与质心点的距离，找到各向量所在的类，将各向量的平均值作为新的质心，最后将预测日所属的分类样本输入到已构建好的模型中，模型的输出即为风电场的功率预测值。由于 GRNN 预测模型主要是依据数据样本进行网络学习，能够调节的参数较少，人为因素对 GRNN 预测结果影响相对较小，这样的 GRNN 网络的输出干扰较小[134]，预测结果的准确度高。

3.4 两种算法的预测误差分析

评估风电输出功率的预测效果通常采用标准平均绝对误差（Norm Mean Absolute Error，NMAE）和标准均方根误差（Norm Root Mean Square Error，NRMSE）等指标。NMAE 主要是用于综合评价误差平均幅值，不受某一时刻风电输出功率波动的影响；NRMSE 主要是用于评价预测系统的整体性能，将两者综合起来判断系统预测模型的好坏和分散度的分散情况，具有一定的参考价值。为了验证两种方法的适用条件，比较两种方法的有效性和优越性，采用某海上风电场 2012 年的实测数据，通过选择样本点数据与真实数据的比较，来确定两种方法的适用条件和有效性。

3.4.1 仿真实例

风速和风向是影响风电过程中的主要因素，其波动性大、随机性强，受季节、地势及时间影响也比较大。为了验证前面所提出预测方法的有效性，本书选取某海上风电场 2012 年 1—2 月中某日 24 小时实测数据，无论是风速还是风向冬季都比夏季复杂多变，因此，具有一定代表性。选择 2012 年 2 月 4 日作为预测日，通过 2012 年 1 月 15 日至 2 月 3 日的实测数据，分别计算两种方法海上风电功率预测结果，并将结果进行对比分析。

3.4.1.1 改进 K-近邻算法

将已有数据导入模型，预测算法中距离分别采用欧氏距离和城区距离，得到 2 月 4 日预测数据（图 3-17）。由图可以看出，改进 K-近邻算法的预测结果基本能跟上实际功率的变化趋势，通过计算，利用 K-近邻算法得到的 NMAE 为 20.12%，NRMSE 为 26.81%；改进后得到的 NMAE 为 14.31%，NRMSE 为 19.872%，NMAE 和 NRMSE 都明显减小[1]，预测效果得到了很好的改善。

---

① 根据国家能源局的规范标准，NMAE 和 NRMSE 的计算结果在 20% 以内时，可以应用到海上风电功率的实际预测中。

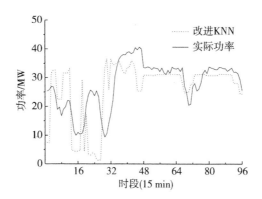

图 3-17　基于改进 K-近邻算法的风电功率预测对比

3.4.1.2　K-均值聚类法

根据本节前面介绍的确定最优分类数的方法和步骤，以准则函数与分类数 K 的关系曲线为依据，如图 3-18 所示，这里选取准则函数曲线拐点处的 K 值作为聚类分析中的最佳分类数。

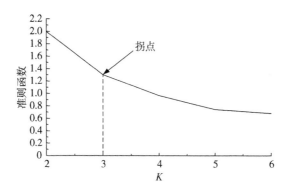

图 3-18　准则函数与分类数 K 的关系曲线

将分类数 K 分别取值 3、4、5，计算结果如下：

①当分类数 $K=3$ 时，历史数据样本日取 2012 年 1 月 15 日至 2 月 3 日，这 20 天历史数据样本日所属聚类情况如表 3-1 所示，由表 3-1 可见，这 20 天中，有 15 天属于第 1 类、有 1 天属于第 2 类、有 4 天属于第 3 类，由式（3-12）可以计算出各输入向量与质心点的距离，找到各向量所在的类，归一化处理后，将各向量的平均值作为新的质心

第 1 类：$[\,0.987\quad 0.184\quad 0.439\quad -1.131\quad -0.805\quad 0.043\quad 0.052\,]$

第 2 类：$[0.989 \quad 0.556 \quad 0.862 \quad -1.150 \quad -0.849 \quad 0.118 \quad 0.186]$

第 3 类：$[0.992 \quad 0.045 \quad 0.270 \quad -0.853 \quad -0.550 \quad -0.020 \quad -0.124]$

表 3-1　历史数据样本日所属聚类情况（$K=3$）

样本日	1	2	3	4	5	6	7	8	9	10
所属类别	1	3	1	3	3	3	1	1	1	1
样本日	11	12	13	14	15	16	17	18	19	20
所属类别	1	1	1	1	1	1	1	1	2	1

由此可以预测出，2012 年 2 月 4 日的日 NWP 向量归一化后与这 3 类聚类质心点的欧式距离分别为 0.512、0.482 和 0.631，距离第 2 类聚类质心点的中心最近，因此预测日所属类别应为第 2 类，对应的历史数据样本日为第 19 天，即 2012 年 2 月 2 日。

②当分类数 $K=4$ 时，根据历史数据样本日所属聚类情况如表 3-2 所示，重复分类数 $K=3$ 的过程，则新的质心为

第 1 类：$[0.987 \quad 0.161 \quad 0.421 \quad -1.109 \quad -0.780 \quad 0.121 \quad 0.0541]$

第 2 类：$[0.988 \quad 0.558 \quad 0.860 \quad -1.151 \quad -0.851 \quad 0.120 \quad 0.188]$

第 3 类：$[0.994 \quad 0.046 \quad 0.269 \quad -0.853 \quad -0.550 \quad -0.019 \quad -0.124]$

第 4 类：$[0.986 \quad 0.240 \quad 0.482 \quad -1.180 \quad -0.871 \quad -0.181 \quad 0.040]$

表 3-2　历史数据样本日所属聚类情况（$K=4$）

样本日	1	2	3	4	5	6	7	8	9	10
所属类别	1	3	1	3	3	3	1	1	4	1
样本日	11	12	13	14	15	16	17	18	19	20
所属类别	4	1	1	1	4	4	1	1	2	1

由此可以预测出，2012 年 2 月 4 日当天的归一化日 NWP 向量与这 4 类聚类质心点的欧式距离分别为 0.512、0.482、0.631 和 0.599，距离第 2 类聚类质心点的中心最近，因此预测日所属类别应为第 2 类，对应的历史数据样本日为第 19 天，即 2012 年 2 月 2 日。

③当分类数 $K=5$ 时，根据历史数据样本日所属聚类情况如表 3-3 所示，重复分类数 $K=3$ 的过程，则新的质心为

第 1 类：$[0.987 \quad 0.160 \quad 0.400 \quad -1.115 \quad -0.799 \quad 0.064 \quad -0.036]$

第 2 类：$[0.986 \quad 0.553 \quad 0.865 \quad -1.150 \quad -0.850 \quad 0.122 \quad 0.189]$

第 3 类：$[0.994\quad 0.048\quad 0.270\quad -0.852\quad -0.550\quad -0.028\quad -0.127]$

第 4 类：$[0.985\quad 0.255\quad 0.480\quad -1.183\quad -0.869\quad -0.226\quad 0.059]$

第 5 类：$[0.983\quad 0.168\quad 0.480\quad -1.111\quad -0.767\quad 0.122\quad 0.214]$

表 3-3　历史数据样本日所属聚类情况（$K=5$）

样本日	1	2	3	4	5	6	7	8	9	10
所属类别	5	3	4	3	3	3	5	1	4	1
样本日	11	12	13	14	15	16	17	18	19	20
所属类别	5	1	4	1	4	1	4	5	2	1

由此可以预测出，2012 年 2 月 4 日当天的归一化日 NWP 向量与这 5 类聚类质心点的欧式距离分别为 0.529、0.479、0.629、0.621 和 0.525，距离第 2 类质心点的中心最近，因此预测日所属类别应为第 2 类，对应的历史数据样本日为第 19 天，即 2012 年 2 月 2 日。

综上所述，拐点的位置不影响最终的聚类结果。

根据预测日与样本日的 NWP 风速数据曲线计算相关系数。由前面分析可知，在分类数 $K=3$ 的情况下，选取的 20 天样本日中，有 15 天属于第 1 类样本、有 1 天属于第 2 类样本、有 4 天属于第 3 类样本，图 3-19 a、图 3-19 b、图 3-19 c 是这 3 类样本与预测日 NWP 风速曲线变化曲线，通过式（3-11）计算出第 1 类样本、第 3 类样本与预测日 NWP 风速曲线的相关系数绝对值小于 0.4 的概率分别为 40% 和 50%，说明低度线性相关程度较大；第 2 类样本与预测日 NWP 风速曲线的相关系数绝对值为 0.6，属于显著线性相关。从 NWP 风速曲线的定性比较和相关系数的定量分析中可以得出，第 2 类样本 NWP 风速的曲线变化趋势与预测日比第 1 类、第 3 类样本有较大相似性，与前面计算结果相一致。

以 2012 年 2 月 2 日作为历史数据样本日，选取历史样本日的 NWP 数据作为输入向量，NWP 数据包括 NWP 气压、NWP 风速、NWP 气温、NWP 风向余弦和 NWP 风向正弦，实测的海上风电输出功率数据作为输出向量来构建海上风电功率预测模型，模型的神经网络结构采用 GRNN，窗口宽度 s 取值为 0.15，利用风电功率预测模型的结构（图 3-16）进行训练，训练完成后，将预测日 2012 年 2 月 4 日的 NWP 数据输入到已经训练好的预测模型，得到风电输出功率预测值。经计算，风电输出功率预测的 NMAE 为 10.854%，NRMSE 为 14.994%，该预测误差符合国家能源局的规范标准，能够满足风电功率预测的需要，为下一步进行科学准确地风电调度提供了数据依据。

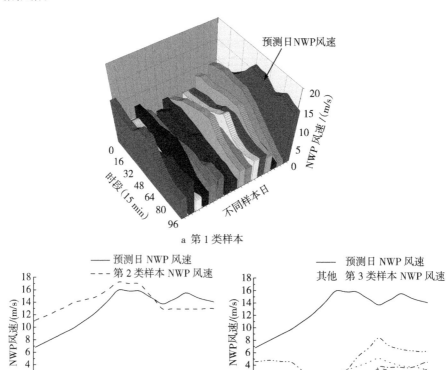

图 3-19　3 类样本与预测日 NWP 风速曲线变化趋势

3.4.2　预测误差分析

为了进一步分析海上风电功率的预测误差，通过某海上风电场的实测数据，来验证已构建的改进 K-近邻算法模型和 K-均值聚类法模型的有效性，得到各模型功率的预测曲线如图 3-20 所示，这里的聚类 1、聚类 2 和聚类 3 分别表示 K-均值聚类法中的 3 类样本。

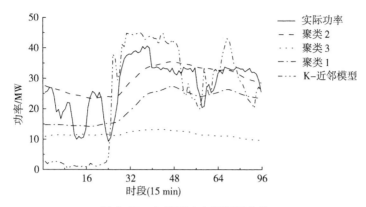

图 3-20　各模型功率的预测曲线

由图 3-20 可以看出，聚类 3 样本的聚类质心点与实际风电功率预测样本曲线距离最远，相似度较差，其预测结果不太理想；聚类 1 与 K-近邻模型的聚类质心点与实际风电功率预测样本曲线距离较聚类 3 要近一些，相似度比聚类 3 要好一些，预测结果比聚类 3 也要好一些；聚类 2 的聚类质心点与实际风电功率预测样本曲线距离最接近，相似度要好于聚类 3、聚类 1 和 K-近邻模型，预测结果也比聚类 3、聚类 1 和 K-近邻模型好，因此，选出聚类 2 作为训练样本建立的风电功率预测模型，将具有较小的预测误差。

通过计算，得到海上风电功率预测模型误差数据对比如表 3-4 所示。

表 3-4　海上风电功率预测模型误差数据对比

海上风电功率预测模型	NMAE	NRMSE
K-近邻算法	20.12%	26.81%
改进 K-近邻算法	13.60%	19.21%
K-均值聚类法的第 1 类样本（聚类 1）	17.00%	19.81%
K-均值聚类法的第 2 类样本（聚类 2）	10.68%	14.02%
K-均值聚类法的第 3 类样本（聚类 3）	40.35%	44.43%

根据图 3-20 和表 3-4 的结果可以看出：

①从功率预测的 NMAE 和 NRMSE 结果来看，K-均值聚类法的预测误差要小于 K-近邻算法，因此，K-均值聚类法要优于 K-近邻算法；

②当遇到极端天气时，如在样本点 24 到样本点 40 的过程中，风电功率由 10 MW 骤升到 40 MW，K-近邻模型能够迅速跟踪突变风电功率，此时，K-近邻模型效果要优于 K-均值聚类法，因此，在遇到天气条件变化较大

时，可以采用 K-近邻算法进行风电功率预测。

3.5 本章小结

　　本章对已有的海上风电功率预测方法进行了改进，分别构建了基于改进 K-近邻算法和 K-均值聚类法的海上风电功率预测模型，通过实际预测数据，验证了两种预测方法的有效性，NMAE 和 NRMSE 计算结果均在 20% 以内。海上风电功率预测的准确度，为下面章节的海上风电并网调度管理至关重要，发电企业可根据预测结果，合理规划各种供电电源，最大限度地利用风电，提高风电的使用率，为优化海上风电场出力提供有力依据。

第4章　海上风电并网经济调度管理模式

4.1　海上风电并网经济调度的类型及特点

电力系统优化经济运行是电力系统科学有序规划与安全稳定运行过程中非常重要的环节。在电力系统中，调度管理是在满足电网安全运行和保证电能质量的前提下，充分利用能源、合理安排设备，目的是如何以最低的发电成本或燃料费用为用户提供安全用电的一种调度规划方法。其发展大体上可分为两个阶段，即20世纪60年代以前为经典经济调度；20世纪60年代以后为现代经济调度。电力系统经济调度根据机组状态和负载情况可以分为三类，即静态经济调度、动态经济调度和安全约束经济调度。

电力系统经济运行水平是电力企业经营活动的重要内容之一，也是经济调度管理的基本要求之一。近年来，随着电网的不断发展，并网容量不断提高，备用容量也在不断加大，在满足电网安全稳定运行的前提下，电力系统安全稳定经济运行是国家各级政府高度关注的问题。

企业在进行经济调度管理模式时，通过技术进步和创新促使发电成本、经营和运行成本下降，力求成本最小化来满足用电企业或用户的需求，确保电力企业的发电与用电企业用电负荷之间的动态平衡，从而稳定企业自身的发展业态，获得更多利润。

4.1.1　静态经济调度

静态经济调度一般是在电力系统运行状态下，为了满足系统负荷变化要求，在进行调度规划之前，根据用户需求预先制定好调度策略，在实际调度过程中，按照预先制定的调度策略进行调度规划，不考虑调度过程中实际负载变化情况及各发电机组可承受负载的能力，使之在单一时段输出的有功功率最多，通过调配各发电机组和备用设备，使电力系统的发电成本和燃料费用最低。由于这种调度管理不随着负载的变化而改变，因此，电力系统将这种调度管理模式称为静态经济调度。由于这种调度管理模式实现起来相对简单，因此它是电力系统经济调度中很早被研究的，实现方法一般采用基本负荷法和最优负荷点法。

①基本负荷法：按照各发电机组的效率从高到低进行排序，优先把效率高的发电机组负荷容量调制最大值。

②最优负荷点法：按照各发电机组的效率从高到低进行排序，从效率高的发电机组开始，依次将各机组带负荷至其最低比热耗点。

在电力系统实际调度过程中，这两种方法的调度效果都不理想。在 20世纪 30 年代初，Steinberg M. J. 和 Smith T. H. 提出了燃料消耗微增率的概念，随后又提出了利用燃料消耗微增率的概念分配负荷的方法，这种方法也存在一定的局限性，后来有学者提出了经典协调方程式，通过有功网损微增率对系统消耗的微增率进行了修正，使经典协调方程式更接近于电力系统的实际情况。静态经济调度方法统称为经典法，经典法的优势是计算速度快、计算概念清晰，随着电力行业的快速发展，电网规模的不断增大，这种方法显现出诸多弊端。

4.1.2 动态经济调度

动态经济调度是在电力系统实际调度管理时，主要针对各发电机组在连续多个时间段内的运行情况，调度管理人员合理调整各发电机组的输出功率，达到输出功率最大而系统成本最小的目的。随着对调度水平要求的不断提高，希望调度模型能够尽量接近实际情况，引入了各种约束条件，解决经济调度管理的实际问题，目的是在满足系统有功功率供需平衡的基础上，使各发电机组达到最大出力，使系统的总成本最低。因此，经济调度问题的数学本质是一个大规模、包含复杂的线性、非线性约束条件的数学规划问题，由于调度模型中没有整数变量，因此，它是一个连续的、非线性的规划问题。与静态经济调度模型一样，动态经济调度约束是以线性约束为主，约束条件较为复杂，数学模型比静态经济调度也复杂得多。

动态经济调度在进行多时段负荷分配时，不能简单地把多个单一时段的负荷叠加，因为电力系统在实际运行过程中，每一个时段的约束条件各不相同，它们之间存在着相互影响、相互制约的关系。频率是电力系统的重要运行参数，与有功功率供需平衡关系密切。风能分布的连续性和差异性使得大规模风电场群输出的风电功率具有汇聚性，风电的运行特性会对电力系统调峰、调频带来影响。风电的反调峰特性增加了电网调峰的难度。风电的间歇性、随机性增加了电网调频的负担，大规模风电并网运行将影响系统原有功率供需平衡机制，大规模风电并网的电力系统频率稳定尤为突出。

在计算方法方面，动态经济调度常用动态规划、拉格朗日松弛、网络流规划、遗传算法等，但电力企业常用的算法是启发式的，如顺序调度法、优化调度法等，在计算时间和调度效果之间进行平衡，减少了调度偏差，得到调度模型的最优解。随着风电频率的变化，风电的切入会引起电网中输电线路功率的振荡和变化，与风电切入功率的大小、切入点的位置、切入时的速度及所连设备有着密切关系，风电场电力能否畅通输出，输电线路是否过载，是否会引起线路的功率振荡等，都要通过电网潮流计算、暂态计算等方法来分析。

4.1.3　安全约束经济调度

在当前高风电电价形势下，为了提升风电的竞争力，一般将环境效益合理计入风电成本中，在实际研究含有风速及风电功率特性的风电场电力系统调度问题时，以发电成本最小为目标，但是没有考虑电力系统的安全约束。在综合考虑风电各类成本、输电线路损耗、环境与风险等多种因素的基础上，在研究大规模风电场的经济调度问题时，引入系统的安全约束，目的是在研究风电场经济调度问题时，更加符合经济调度运行的实际。

随着风电技术的发展和研究水平的提高，集群大型现代风电场已经成为当今风电开发的趋势，对于经济调度来说，要考虑的约束条件越来越多，如网络安全方面、电力系统保护方面、市场综合效益方面等诸多方面，要想使经济调度模型更能符合电力系统实际运行的要求和需求，需要电网对风电的调度由风电场侧并网逐渐向风电场内部延伸，使风电场内风力发电机组之间的优化出力与负荷分配保持平衡，使风电场实现最优分配。影响经济调度的主要约束条件有电力系统平衡约束、发电机组运行约束、电网安全约束，除此之外还有线路传输限制、调峰调频、静态稳定性和暂态稳定性、电能质量和继电保护等，正是因为有这些约束条件的存在，使得风电并网的要求越来越高。

4.2 海上风电并网经济调度管理流程

4.2.1 经济调度管理的目标和内容

4.2.1.1 经济调度管理的目标

电力系统经济调度管理的目标是总发电成本最小化，主要是电力交易中心代表所有用户购电成本最小化，即各种电源发电量乘以相应发电电源的上网电价，再将它们求和得到总的购电成本。电力系统调度管理部门根据经济调度管理的目标制订调度计划，在满足系统各项约束条件的前提下，动态调整机组组合方案及调度分配方案，实现经济调度管理目标，同时根据经济调度计划，结合风电场输出功率预测数据、负载需求预测数据，以及常规机组运行状态、备用机组运行状态等信息，确定日前发电调度模型的目标函数。

4.2.1.2 经济调度管理的内容

经济调度管理的主要内容包括：电力系统的有功功率、无功功率、系统负载需求及常规运行机组和备用机组。有功功率优化的目标是使电力系统的总能量消耗最小，使有功功率负荷预测、有功功率电源的最优组合、有功功率负载在已运行机组间实现最优分配；无功功率优化的目标是使系统的网络传输损耗最小。

在实际的海上风电场中，由于风自身具有复杂性和多变性，我们希望调度模型能够尽量接近实际情况。为了便于分析问题，大多数研究者引入了各种约束条件，如负载平衡约束、机组运行约束和电网安全约束等，来解决经济调度问题，因此，本书在构建经济调度模型时，在考虑负载平衡约束的同时，增加了旋转备用约束；在考虑机组输出功率约束的同时，增加了机组爬坡约束；在考虑电网支路潮流约束的同时，增加了电网联络线断面约束，构建具有多种约束条件的经济调度模型，该模型更能反映出海上风电的复杂真实情况。

4.2.2 经济调度管理流程的构建

经济调度管理流程一般是由电力系统调度管理部门依据风电场输出功

率、负载需求预测数据，根据经济调度管理目标和风电场常规机组、备用机组的运行状态制订调度计划，进而进行调度管理。本书在实际调度时，对一般经济调度管理流程进行了改进，假定负载预测值已知，在构建海上风电场功率经济调度模型的目标函数时，除了加入影响海上风电调度的主要约束条件外，还增加了旋转备用约束、机组爬坡约束和联络线断面潮流约束，这样构建的模型更能清晰反映海上风电的真实复杂情况，有助于电力企业根据预测结果，动态调整机组组合方案及调度分配方案，实现企业自身的经济调度管理目标，改进后的经济调度管理流程如图 4-1 所示。

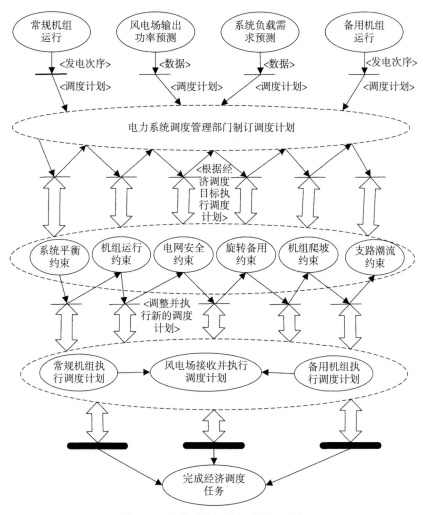

图 4-1　改进后的经济调度管理流程

（1）风电功率预测

根据电力系统调度管理需求和经济调度管理目标，风电场按照发电次序合理调配常规机组和备用机组进行工作，在各发电机组执行调度任务前，需要对风电场输出功率和系统负载需求进行预测，并根据预测结果同时结合优先调度次序分类，制订经济调度计划，满足经济调度管理需求。

（2）执行调度计划

根据经济调度计划的任务描述，在考虑各发电机组发电序位表和系统运行总成本等引发条件的基础上，执行调度计划。

（3）优化调度计划

在执行经济调度计划全部任务的过程中，需要根据调度需求和预测结果及时调整和优化调度计划，按照每个任务状态从可利用变为可利用或被占用或不可用3种状态之一，每种状态都有其各自的引发条件，调度计划要按照引发条件进行调整和优化，根据调整和优化后的调度计划重新调配各类资源，执行调整和优化后的调度计划。

（4）完成调度任务

根据调度能够提供的资源和调整优化后的调度计划，在完成全部的调度计划后，每个任务状态仍处于可利用、被占用和不可用3种状态之一，为执行下一个调度管理模式做准备。通过具有记忆标识 Petri 网的调度管理模型，来描述一个电力系统的整体运行过程。

4.3 海上风电并网动态经济调度模型

4.3.1 构建目标函数

构建含风电场动态经济调度的目标函数，应以系统常规发电机组总成本最低为总目标，本书在充分考虑电力系统和机组各种安全约束的前提下，以风电运行费用成本、电力系统发电成本、备用成本和弃风惩罚成本等最低为出发点，根据第3章风电输出功率预测的 NMAE 和 NRMSE 的结果，在进行海上风电发电量调度时，其调度裕度为15%，构建具有多约束条件的风电运行成本目标函数。由于负荷是可以准确预测的，且精度可达到99%，因此，在本书的相关研究中，假定负荷值已知的前提下，进行经济调度分析。

风电运行成本的目标函数表示为

$$\min \sum_{i=1}^{NG} \sum_{h=1}^{H} F_{ci}(P_{i,h}, I_{i,h}) \tag{4-1}$$

式中，h 为时段序号，$h = 1, 2, \cdots, H$；H 为总时段数；I 为发电机组序号；$i = 1, 2, \cdots, NG$；NG 为发电机组总数；$I_{i,h}$ 为发电机组 i 在 h 时段的状态，0 为停机，1 为开机；$P_{i,h}$ 为发电机组 i 在 h 时段的出力值，MW；$F_{ci}(P_{i,h}, I_{i,h})$ 为机组 i 在 t 时段的运行成本，一般称为机组 i 的特性函数。

特性函数通常是多项式函数，一般情况下选取二次函数作为特性曲线函数，其函数表达式为

$$F_{ci}^{conic}(P_i) = a_i + b_i P_i + c_i P_i^2 \quad (P_{i,\min} \leqslant P_i \leqslant P_{i,\max}) \tag{4-2}$$

式中，a_i，b_i，c_i 为机组的费用系数；$P_{i,\max}$ 为发电机组 i 的出力上限，MW；$P_{i,\min}$ 为发电机组 i 的出力下限，MW。

一般而言，发电机组必须始终运行在其最小和最大出力值之间，一旦开机，机组的运行费用值并不是从 0 开始的连续函数。此外，随着发电机组出力增大，单位能耗也随之上升。通常情况下，机组费用函数的二次曲线采用分段性折线来表示，如图 4-2 表示。

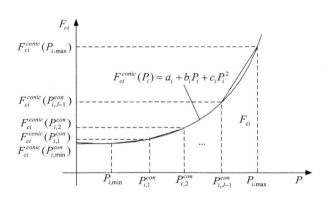

图 4-2 发电机组费用函数的二次曲线的分段线性折线

系统发电成本：

$$C_z(P_{i,h}) = k_z P_{i,h} \tag{4-3}$$

备用成本：

$$C_b(P_{i,h}) = k_b(P_{i,h} - w^{act}) \tag{4-4}$$

弃风惩罚成本：

$$C_q(P_{i,\ h}) = k_q(w^{act} - P_{i,\ h}) \tag{4-5}$$

式中，w^{act} 为风电实际输出的有功功率；$P_{i,\ h}$ 为风电功率的调度值，MW；$C_z(P_{i,\ h})$ 为风电的系统发电成本，是 $P_{i,\ h}$ 的函数；$C_b(P_{i,\ h})$ 为风电的备用成本，是 $P_{i,\ h}$ 的函数；$C_q(P_{i,\ h})$ 为风电的弃风惩罚成本，是 $P_{i,\ h}$ 的函数。

因此，考虑多种约束条件的经济调度模型目标函数为

$$\min \sum_{i=1}^{NG} \Big[\sum_{h=1}^{H} F_{ci}(P_{i,\ h}, I_{i,\ h}) + \sum_{h=1}^{H} C_z(P_{i,\ h}) + \sum_{h=1}^{H} C_b(P_{i,\ h}) + \sum_{h=1}^{H} C_q(P_{i,\ h}) \Big]$$

$$= \min \sum_{i=1}^{NG} \Big[\sum_{h=1}^{H} F_{ci}(P_{i,\ h}, I_{i,\ h}) + \sum_{h=1}^{H} k_z P_{i,\ h} + \sum_{h=1}^{H} k_b(P_{i,\ h} - w^{act}) + \sum_{h=1}^{H} k_q(w^{act} - P_{i,\ h}) \Big] \tag{4-6}$$

式中，H_i 为时段。

4.3.2 约束条件

随着电力系统的不断发展和调度研究的不断深入，要使所构建的调度模型能够实现更符合系统实际运行要求的发电计划，研究者一般在经济调度模型中加入负载平衡约束、机组输出功率约束和支路潮流约束等约束条件，本书在构建的经济调度模型时，除了增加上述约束条件外，还增加了旋转备用约束、机组爬坡约束和联络线断面潮流约束，这样更有利于反映海上风电的真实复杂情况。

4.3.2.1 系统平衡约束

负载平衡约束和旋转备用约束都属于系统平衡约束，负载平衡约束是保证发电机组计划值与之对应时段的负荷值相等，这有利于促进电力供需时刻平衡，它是系统平衡约束中的主要约束，负载平衡约束表示为

$$\sum_{i=1}^{NG} P_{i,\ h} \times I_{i,\ h} + \sum_{m=1}^{W} P_{f,\ m,\ h} = P_{D,\ h} \tag{4-7}$$

式中，$P_{D,\ h}$ 为系统 h 时段的负载值，MW；$P_{f,\ m,\ h}$ 为风电机组 m 在 h 时段的功率计划值，MW；m 为风电机组序号；W 为风电机组总数。

系统的旋转备用设备对于系统安全稳定运行至关重要，当风电出现较大的功率偏差时，旋转备用设备将发挥其重要作用。因此，这里的约束条件不仅考虑了负载平衡约束，还考虑了旋转备用约束。当风电低于计划值时，系

统发电机组上调备用容量值会变小，下调备用容量值会变大；当风电高于计划值时，情况则相反。故系统的上调备用容量约束只需考虑风电低于计划值的情况，而下调则只需考虑风电高于计划值的情况。因此，旋转备用约束表示为

$$
\begin{cases}
\displaystyle\sum_{i=1}^{NG}(P_{i,\,\max}-P_{i,\,h})\times I_{i,\,h} \geqslant R_{\mathrm{up},\,h} \\
\displaystyle\sum_{i=1}^{NG}(P_{i,\,h}-P_{i,\,\min})\times I_{i,\,h} \geqslant R_{\mathrm{down},\,h}
\end{cases} \tag{4-8}
$$

式中，$R_{\mathrm{up},\,h}$ 为系统在 h 时段的上调系统备用容量要求，MW；$R_{\mathrm{down},\,h}$ 为系统在 h 时段的下调系统备用容量要求，MW。

4.3.2.2　机组运行约束

机组输出功率约束和机组爬坡约束都属于机组运行约束，发电机组输出功率约束保证处于运行状态的发电机组出力应始终保持在其最大值和最小值之间才能使系统稳定运行，因此，在进行经济调度时考虑机组输出功率约束，机组输出功率约束表示为

$$
P_{i,\,\min}\times I_{i,\,h} \leqslant P_{i,\,h} \leqslant P_{i,\,\max}\times I_{i,\,h} \tag{4-9}
$$

机组最小运行时间和停运时间约束为

$$
\begin{aligned}
[X_{i,\,h-1}^{\mathrm{on}}-T_{i}^{\mathrm{on}}]\times[I_{i,\,h-1}-I_{i,\,h}] \geqslant 0 \\
[X_{i,\,h-1}^{\mathrm{off}}-T_{i}^{\mathrm{off}}]\times[I_{i,\,h-1}-I_{i,\,h}] \geqslant 0
\end{aligned} \tag{4-10}
$$

式中，$X_{i,\,h-1}^{\mathrm{on}}$ 为发电机组 i 在 $h-1$ 时段已开机时段数；$X_{i,\,h-1}^{\mathrm{off}}$ 为发电机组 i 在 $h-1$ 时段已停机时段数；T_{i}^{on} 为发电机组 i 最小开机时段数；T_{i}^{off} 为发电机组 i 最小停机时段数。

在考虑发电机组的固定出力计划外，还要考虑系统在某个时段出现风电高（低）于计划值极大偏差，而在相邻时段出现风电低（高）于计划值极大偏差的情况下，也就是各发电机组出力应在其爬坡能力范围内。因此，为保证发电机组开机后第一个时段和停机前最后一个时段发电机组出力为最小出力值，在构建经济调度模型中加入机组爬坡约束，其机组爬坡约束表示为

$$
\begin{cases}
P_{i,\,h}-P_{i,\,h-1} \leqslant [1-I_{i,\,h}(1-I_{i,\,h-1})]DR_{i}+I_{i,\,h}(1-I_{i,\,h-1})P_{i,\,\min} \\
P_{i,\,h-1}-P_{i,\,h} \leqslant [1-I_{i,\,h-1}(1-I_{i,\,h})]UR_{i}+I_{i,\,h-1}(1-I_{i,\,h})P_{i,\,\min}
\end{cases} \tag{4-11}
$$

式中，DR_i 为发电机组 i 滑坡速率，MW；UR_i 为发电机组 i 爬坡速率，MW。

4.3.2.3　电网安全约束

支路潮流约束和联络线断面潮流约束都属于电网安全约束。潮流约束是对电网安全约束的一种计算，是对电网安全性的评定，以便事故发生后能够快速确定补救措施，由于事故发生是小概率事件，因此，好多研究都没有考虑这部分影响。支路潮流约束为

$$P_{\underline{ij}} \leqslant P_{ij}(t) \leqslant \overline{P_{ij}} \qquad (4-12)$$

式中，P_{ij}、$P_{\underline{ij}}$、$\overline{P_{ij}}$ 为支路 ij 的潮流功率及正反向限值，MW。

联络线断面潮流约束为

$$Q_{\underline{ij}} \leqslant Q_{ij}(t) \leqslant \overline{Q_{ij}} \qquad (4-13)$$

在网络模型采用交流系统时，网络约束为非线性的，需要对网络约束进行处理，将线路约束转化为各机组的出力约束。设网络中节点数为 n，支路数为 L。

设网络中一条支路 ij 的支路导纳为 $g_{ij} + jb_{ij}$，支路两端电压为 $V_i = V_i e^{j\theta_i}$ 和 $V_j = V_j e^{j\theta_j}$，θ_i、θ_j 为节点的电压相位角。

可得支路潮流为

$$\begin{cases} P_{ij} = V_i^2 g_{ij} - V_i V_j (g_{ij}\cos\theta_{ij} + b_{ij}\sin\theta_{ij}) \\ Q_{ij} = V_i V_j (b_{ij}\cos\theta_{ij} - g_{ij}\sin\theta_{ij}) - V_i^2 (b_{ij} + b_{i0}) \end{cases} \qquad (4-14)$$

其中，$\theta_{ij} = \theta_i - \theta_j$，$\theta_{ij}$ 为节点电压相位差。

在采用直流潮流法时采用如下假设：$g_{ij} << b_{ij}$，并有 $b_{ij} = -1/x_{ij}$，θ_{ij} 很小。从而有

$$\begin{cases} \sin\theta_{ij} = \sin(\theta_i - \theta_j) \cong \theta_i - \theta_j \\ \cos\theta_{ij} \cong 1 \end{cases} \qquad (4-15)$$

忽略所有对地支路，$V_i \cong V_j$。则支路功率可表示为

$$P_{ij} = B_{ij}(\theta_i - \theta_j) \qquad (4-16)$$

其中，$B_{ij} = -b_{ij}$。

节点功率可表示为

$$P_i = \sum_{\substack{j=1 \\ j \neq i}}^{n} P_{ij} \qquad (4-17)$$

将式（4-16）代入式（4-17）可得

$$P_i = \sum_{\substack{j=1 \\ j \neq 1}}^{n} B_{ij}(\theta_i - \theta_j) = B'_{ii}\theta_i + \sum_{\substack{j=1 \\ j \neq i, s}}^{n} B'_{ij}\theta_j \qquad (4-18)$$

其中，$B'_{ij} = -B_{ij}$，$B'_{ii} = -\sum_{\substack{j=1 \\ j \neq i}}^{n} B'_{ij}$。

节点 s 为参考节点，除参考节点外，其他 $n-1$ 个节点功率都可用式（4-17）计算。因此，对于一个具有 n 节点的电力系统来说，可以用式（4-19）的矩阵形式来进行表示：

$$[P] = [B'_0][\theta] \qquad (4-19)$$

从而可以得到

$$[\theta] = [B'_0]^{-1}[P] \qquad (4-20)$$

式中，P 为节点静注入的有功功率列向量。

令 $C = [B'_0]^{-1}$，则式（4-20）可以写成

$$[\theta] = C[P] \qquad (4-21)$$

将各支路的功率约束转化为各发电机的线性约束：

$$P_{ij} = [C_{i1}-C_{j1}, C_{i2}-C_{j2}, \cdots, C_{in}-C_{jn}]\begin{bmatrix} P_{G1} \\ P_{G2} \\ \vdots \\ P_{Gn} \end{bmatrix} - [C_{i1}-C_{j1}, C_{i2}-C_{j2}, \cdots, C_{in}-C_{jn}]\begin{bmatrix} P_{D1} \\ P_{D2} \\ \vdots \\ P_{Dn} \end{bmatrix}$$

$$(4-22)$$

4.3.3　算例分析

前面我们对电力系统进行了初步分析，在假定预测负载已知的情况下，生成提前一天的风电功率概率预测密度函数，为了便于数据对比和分析，我们依旧选取某海上风电场 2012 年 1—2 月，某日 24 小时数据作为该模型的训练数据集，进行提前一天的短期风电功率预测，能够得到电力系统经济调度短期风电功率预测的时间变化序列，该时间变化序列如图 4-3 所示。

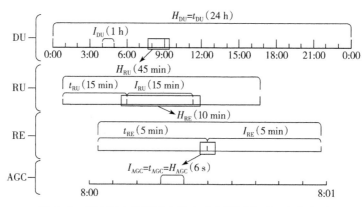

图 4-3 经济调度短期风力发电功率预测的时间变化序列

这里将海上风电经济调度短期预测时间变化序列分为日前安全约束机组组合、具有实时安全约束的机组组合、具有实时安全约束的经济调度和自动发电控制几部分，图 4-3 所示的时间变化序列中的各部分参数缩写和具体含义如表 4-1 所示。

表 4-1 经济调度短期预测时间变化序列的参数表示

缩写	名词解释	含义
DU	Day-ahead security-costrained unit commitment	日前安全约束机组组合
RU	Real-time security-constrained unit commitment	具有实时安全约束的机组组合
RE	Real-time security-constrained economic dispatch	具有实时安全约束的经济调度
AGC	Automatic generation control	自动发电控制

根据实测数据和电力系统发电机组的实际输出功率曲线，可将风速的概率密度函数转化为功率的概率密度函数，通过已构建的经济调度模型求出最优解，并计算出不同置信区间水平下的风电不确定区间，在该经济调度模型中，概率预测的负值被 0 所替代。由此得出的风电输出功率的概率密度预测分布情况如图 4-4 所示。

图 4-4 中，$Q_{10} \sim Q_{90}$ 表示不同风电功率的概率预测分布置信区间，从风电输出功率实测值和预测值的曲线可以看出，以 1、4 时间点为例，实测值要比预测值要高一些，如果按照预测值进行调度，则会浪费一定的风能资源，为了满足电力系统负荷需求，机组出力也会增加，相应地费用也会随之增加，考虑在给定置信区间的前提下，根据风电功率概率预测信息适当增加风电出力至 Q_{60} 和 Q_{70} 之间，这样能够减少弃风功率，节约系统发电总成

本；以 6、8 时间点为例，实测值要低于预测值，若按照预测值进行调度，需要快速启动备用容量，若根据预测信息调整风电调度出力至 Q_{30} 和 Q_{40} 之间，这样可以节约备用容量及相应运行费用。也就是说，电力系统调度人员在进行实时调度时，如果按照风电功率预测值进行调度，有时会出现弃风电量或是备用容量的增加，因此，要根据预测偏差，及时调整风电计划，尽可能地减小弃风电量和系统备用设备容量，从而降低运行总成本。

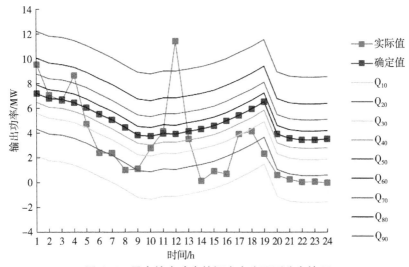

图 4-4　风电输出功率的概率密度预测分布情况

根据风电功率概率预测分布曲线可以看出，不同预测曲线的成本各不相同，随着输出功率的增多，其概率密度函数的置信区间增大，发出的总电量也应依次增多。

通过经济调度模型计算出经济调度运行不同预测曲线各成本情况，计算结果如表 4-2 所示。

表 4-2　经济调度运行不可预测曲线各成本情况

单位：100 万美元/MW

概率预测分布曲线	运行成本	发电成本	备用成本	总目标电量
Q_{10}	25 331 615	1 013 191	354 171	45 853 108 075
Q_{20}	25 299 719	977 007	351 791	67 716 765 942
Q_{30}	25 276 832	951 168	350 116	83 183 319 477
Q_{40}	25 260 206	932 495	348 903	94 374 609 321
Q_{50}	25 247 348	918 011	347 960	103 060 908 410

概率预测分布曲线	运行成本	发电成本	备用成本	总目标电量
Q_{60}	25 234 524	903 527	347 031	111 747 207 548
Q_{70}	25 218 010	884 854	345 868	122 945 794 892
Q_{80}	25 194 786	858 536	344 226	138 729 317 319
Q_{90}	25 155 107	813 544	341 431	165 711 427 158

通过表4-2可以看出，Q_{90}的运行成本、发电成本和备用成本都较其他曲线低，因此，其总成本最低，发电量最大，与图4-4风电功率概率密度分布情况相吻合。该预测有助于电力系统工作人员能够实时调整风电计划，科学规划经济调度管理。

4.4 海上风电并网经济调度管理模式的适用条件

4.4.1 经济调度管理模式的影响因素

4.4.1.1 电力系统运行的影响

对于建设大规模海上风电场来说，其地理位置一般是处于主网负荷中心远离陆地的末端，输送能量的距离相对较远，可能造成线路、变压器等设备的损耗，这就要求风电场配备一定容量的备用设备，提高电力系统运行的稳定性。电力系统运行稳定性的基本要求就是经济性、可靠性和电能质量等，要保证电力系统运行最优是在满足电能质量标准和保证供电可靠性要求的前提下，使经济指标达到最优。为了实现经济调度成本最小化的目标，本书在构建经济调度管理模型时，增加了旋转备用约束，使电力系统运行经济性实现最优。

4.4.1.2 网络联络线调节的影响

网络联络线是连接发电厂与电网之间的桥梁，对于已并网的大型海上风电场，其风电出力在短时间内会产生巨大变化，导致风电功率不断变化。风力发电机组本身的稳定运行状况会影响电力系统的频率变化，使有功功率出现失衡，导致频率特性不稳定、区域间网络联络线功率存在较大偏差，这将严重影响经济调度管理，为了避免出现这类情况，企业需要提高风力发电机组对系统频率的跟踪调节能力。为了实现电网稳定运行的需求，本书在进行经济调度模型构建时，增加了联络线断面约束，实现对网络联络线的实时调节，使系统能够保持在额定功率附近运行，各类发电机组发挥最好的功能，提高发电机组工作效率，降低网络联络线成本，进而降低电力系统的运行成本。

4.4.1.3　电网稳定性的影响

为了进一步提高电网对故障的抵御和调节能力，避免风电穿透功率过大引起电压崩溃，在进行经济调度时，一般在电网中设置灵活可靠的电力系统保护装置、动态无功补偿装置和储能装置，这样能保证发电机组在某个时段出现风电高（低）于计划值极大偏差，而在相邻时段出现风电低（高）于计划值极大偏差的情况发生，本书在进行经济调度模型构建时，增加了机组爬坡约束，使各发电机组出力在其爬坡能力范围内，保证了电网的稳定性。

4.4.2　经济调度管理模式的适用条件

海上风电场的选址受多方因素的影响，最主要的因素是风资源因素，国家在进行海上风电场建设时，首先要从宏观层面上确定风电场建设的区域范围，并对确定的区域范围进行风能质量测试、海域条件分析、并网条件评估等，企业在此建设海上风电场时，多选择经济调度管理模式，具体体现在以下几个方面。

4.4.2.1　海域条件

我国海域面积辽阔，海上风能利用率是陆上的 3 倍，但海上风电场的建设场址受多种因素限制，具体体现在：

①风电企业一般在沿海水深 2~15 m 的范围，且距电力负荷中心位置较近的区域进行选址，虽然这个范围获取风能有限，但风电接入条件好，企业能够很好地减少弃风，这对于采用经济调度管理模式的风电企业来说，极大地降低了企业的建设和运行成本，使企业能够获得更多的利润；

②近海的风能质量除了与地理条件、季节及时间有关之外，还与风向、风速及地势等因素有关，对于沿海水深浅的海域，风速、风向等数据可以准

确获取，这为企业进行经济调度管理提供了有力的数据依据，可以准确预测风电功率，降低企业的运行成本，使企业能够全额接纳。

4.4.2.2　电网条件

国家在进行电网建设时，电网选址至关重要，变电站选址指标体系应从电网架构、经济效益、环境影响、施工条件和节能减排等多方面综合考虑。企业在进行经济调度管理模式运营时，在满足电网区域发展对电力负荷要求和保证供电可靠性的前提下，用最小的投资成本，增加发电机的容量、数量，实现对站内发电机组的控制和调节，进一步扩大供电范围，使企业能够长足发展。

为确保大规模风电并网后电力系统的安全性、稳定性、可靠性和电能质量，需对风电场并网技术也提出了更高要求，国家在优化和转变电网运行方式的同时，加大风电消纳力度，积极探索风电的可控方式，制定风电场并网调度导则，其目的是确保电网调度部门根据调度指令，提高风电场的有功功率调节能力。为了实现这一目的，应从整个电网角度出发，将接收到的控制指令信号通过有功功率控制系统发送给各系统执行，确保风电并网后有功输出功率值能够达到最大。

4.5　海上风电并网经济调度管理机制

4.5.1　风电资源优化配置机制

4.5.1.1　差异化风电资源调配机制

我国并网标准层次复杂，区域分布不均衡，售电侧改革、放开增量配电网业务和发用电计划、输配电价改革等一系列改革措施为电网建设和电力企业运营带来前所未有的挑战。面临全国利用小时数不断降低，发电成本不断提高，电力企业经营受到一定压力，电力企业要转变这一局面，应制定与之相适应的差异化风电资源调配机制，从而实现风电资源的优化配置。

（1）成立风电调配管理委员会

风电企业为了实现差异化调配风电资源，应结合企业发展和自身实际，聘请风电领域相关专家，成立风电资源调配管理委员会，宏观引导和统筹规划风电资源的整体调配。风电调配管理委员会由不同层面的专家和工作人员组成，其基本构成和工作职责如图 4-5 所示。

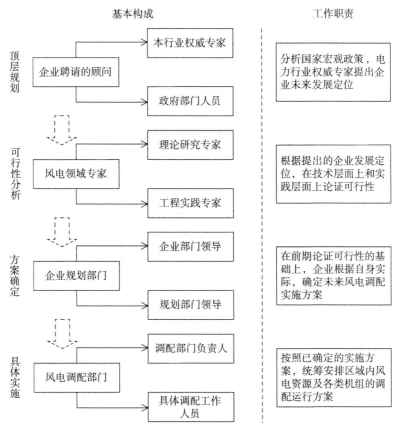

图 4-5　风电调配管理委员会的基本构成及工作职责

（2）差异化风电资源调配体系

电力企业要掌握一定区域内电力负荷的分布情况和风电场能够发出的总电量，还要了解现有风电场的风电资源分布情况，为电力企业工作人员进行调度管理提供数据支持。在风电调配管理委员制定的风电调配实施方案的基础上，电力企业将接收供电的负载用户按照距离发电场远近划分为不同区域，对于距离较远区域的负载用户采用大容量、高性能的发电机集群进行供电；对于距离较近的负载用户采用小容量、低耗能的发电机集群进行供电，建立起不同区域、不同发电机集群的风电资源调配体系，充分降低企业成本，企业要寻求差异化、个性化的发展之路，实现利益最大化。风电资源调配体系的工作流程及工作内容如图 4-6 所示。

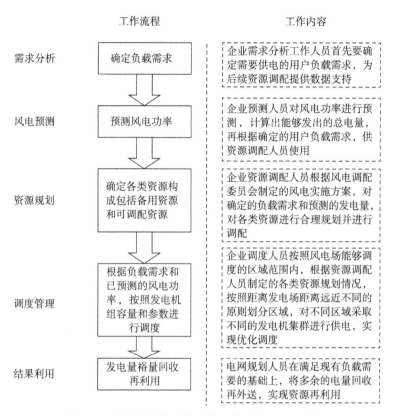

图 4-6   风电资源调配体系的工作流程及工作内容

（3）差异化风电资源调配保障制度

风电调配管理委员会应了解国家宏观风电政策，并以此为依据制定与企业自身发展相适应的各项规章制度、实施方案和保障措施，在技术层面上论证实施方案的可操作性。根据海上风电资源配置总体情况，进行优化管理和协同建设，确保风电资源的利用率，为电力企业长足发展保驾护航。

4.5.1.2   跨区域风电输送机制

电力企业在进行风电资源整体规划时，应综合考虑风电资源、电场规划、风电调度、风电输送和市场消纳等因素，并将这些因素放在同一体系进行统一规划，进而统筹各种能源的开发、利用和输送，建立健全跨区域风电输送体系。

（1）跨区域风电输送原则

电力企业要根据负荷分布情况，因地制宜地制定风电跨区域输送原则，通过提升企业整体运营管理水平、提高电能供电质量、强化成本基金管控，使企业能够探索自身发展业态，提升自身经营能力水平；对于跨区域的风电资源调配，要根据实际情况，建立具体风电输送和调配实施方案，提出与电网相协调的发展策略，有效提高电能质量，做到企业与电网的有机衔接，全面落实国家"全额接纳"的风电输送原则，具体输送原则分为以下几个方面：

①全额接纳原则。该输送原则需要准确预测风电发电量和用户负载实际需求量，只有这样才能使发出的电量全部被接纳和使用，而不产生弃风，全面实现电力系统输电与用电的动态平衡。

②成本不断下降原则。该输送原则主要考虑企业的运营成本，并通过不断优化风电输送方案，根据发电机组的最大容量，合理调配各类发电机组的工作状态，提高发电机组的利用效率，使电力系统运营成本不断下降。

③安全输送原则。为确保电力系统供电的安全性和可靠性，保证跨区域发电机组安全稳定工作，提升电能供电质量和效率，企业采用该输送原则使电力系统能够安全稳定运行。

④统一调配原则。为实现跨区域风电输送，避免不同类型、不同标准发电机组在交叉工作使出现跳闸现象或相互干扰，造成发电机组利用效率下降的现象发生，企业要对所有发电机组进行统一管理和调配，确保发电机组的正常运行。

（2）跨区域风电输送体系

为实现电力企业运行成本最小化，电网预测人员首先确定风电功率和风电能够输送的区域范围，按照距离风电场中心位置的远近程度划分为不同区域，距离远的区域利用大容量的发电机组群供电，距离近的区域利用小容量的发电机组群供电，电网管理人员根据风电输送原则的特点，对不同区域采取不同的风电输送原则，最大限度地为负载供电，完善跨区域风电输送功能，实现跨区域风电资源合理规划、资源共用、安全可靠。跨区域风电输送体系的工作流程和工作内容如图4-7所示。

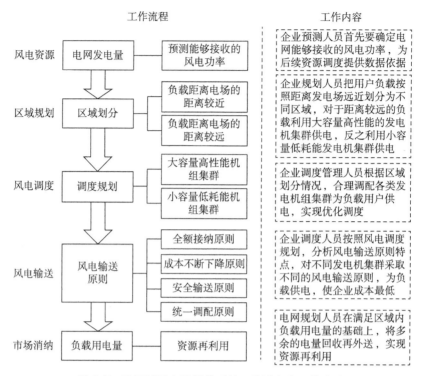

图4-7 跨区域风电输送体系的工作流程和工作内容

4.5.2 风电并网规模控制机制

海上风电场规模的大小直接关系到接收风能的大小，但是，海上风电场建设的规模也不是越大越好，只有控制在适度范围内才能实现经济调度。

4.5.2.1 基于资源成本的风电场并网规模控制

电力企业在进行风电场并网建设时，要充分考虑资源成本对其并网规模的影响。

（1）降低备用成本

企业为了应对风电的随机性和不可控性，在建立经济调度目标函数时，除了考虑系统发电成本外，还需考虑系统的备用成本和弃风成本。在电力系统实际运行中，一般采用加大供电系统的旋转备用容量来应对风电出力的变化，确保风电出力不足时，能够保证为负荷用户正常供电。备用成本是表征风电功率的调度值与实际输出功率差值的函数关系，当风电并网规模增大到一定程度时，输出功率也随之增大，当输出功率不断增加，达到额定功率时，此时输出风电功率达到最大值，为了防止风轮转动过快对风力发电机造成伤害，必须切机，这时风电功率为零，备用成本将达最大，这就增加了电力企业的运营成本，因此，控制风电场并网规模是极其重要的。

（2）增加置信区间

由于风速存在波动性和间歇性，其输出功率并不是一直能够满足并网要求的，这就需要通过增大风电功率预测置信区间，使发电机组能够提供更多的发电量，用于满足用户负荷的最大需求。置信区间的增大，输出风电功率随着风速的增加而增大，弃风成本也相对增加。弃风成本是表征风电实际输出功率与风电功率调度值差值的函数关系，由于风电功率的调度值相对稳定，则弃风成本不断增加，这就给电力企业的运营增加了成本，因此，风电并网规模不是越大越好，应保持在一定的范围内才能使风电场稳定运行。

4.5.2.2 基于电能质量的风电场并网规模控制

电力企业在进行大规模风电并网时，要充分考虑海上风电场的建设位置和并网规模，以及海上风电场大规模并网后的风电输出功率、电网运行成本和电网安全性等问题，这些都与电能质量密切相关。

（1）减少并网电压偏差

企业为了提高电能质量，通过计算发电机组输出功率的大小，使发电机组的输出功率能够保持在运行状态发电机组出力的最大值和最小值之间，此时电力系统能够稳定运行。若风电场超过一定规模，风电并网电压偏差增加，由于电压偏差的存在使得电能质量下降，能量利用率随之降低，因此，要减少并网电压偏差，提高电能质量，满足用户负荷需求。

（2）提高机组爬坡能力

风电场在实际运行时，会出现发电机装机容量与公共连接点间闪变干扰源和联络线断面间谐波潮流，企业工作人员在计算发电机组固定出力时，要考虑系统在某个时段出现的实际风电值高于或低于计划值极大偏差，而在相邻时段出现的实际风电值低于或高于计划值极大偏差的情况，使各发电机组出力在其爬坡能力范围内，这样能够确保电能质量，提高能量利用率，使企业获得更多利润。

4.5.3 动态调整入网定价机制

国家为了加快电力结构调整，使企业减轻负担，疏导电价存在的矛盾，实行动态调整上网电价机制，进一步完善煤电价格联动，对电力企业继续实施差别性、惩罚性和阶梯电价政策，推动产业升级快速发展具有一定的推动作用。为了避免电力企业在运行中，出现任何一点不平衡带来价格大幅波动或是因发电机组出现意外停运或发生突发情况而产生的相关利益失衡问题，出现与现行上网电价机制不协调而阻碍调度管理模式的变革，国家提出入网电价机制，以确保发电企业在经济调度中，供给与需求保持平衡，所有发电机组的能量增量成本相等，企业将会从中受益。

入网电价机制是鼓励使用再生能源发电中使用最广泛的促进机制。该机制要求公共电网有义务按照先前确定的价格或额外补贴来购买任意一种利用可再生能源发出的电力。这种方法确保了长期电价的稳定性，同时克服了电力市场电价不稳定的风险。

从入网电价机制划分来说，主要包括：单一制电价、峰谷分时电价和两部制电价 3 种。

①单一制电价是按长期边际成本法计算发电企业的社会平均电价，以此为基点，允许企业在一定的范围内浮动，即以纯电量作为计价标准。

②峰谷分时电价是根据一天内不同时段的负荷实际变化情况，分为高峰、平时、低谷等时段，每个时段对应不同的电价标准，来引导和鼓励客户合理安排用电时间，削峰填谷，使用电负荷保持相对稳定，使电力资源保持均衡，减少发电企业的经济成本。

③两部制电价是将电价分成两部分，即固定电价和差额电价。固定电价是以发电企业的变压器最大容量或能够满足的最大负荷量为依据来计算电价，由供电部门和用电部门双方一起制定电价限额，不以实际耗电量改变的一种计价方式；差额电价是根据用电部门实际耗电量来计算电价的，与变压器最大容量无关的一种计价方式。

4.5.3.1 单一制电价

单一制电价是指电费计算与用户用电设备容量大小、用电时间无关，只根据用户用电量多少计算电费的一种电价制度。这种单一制电价的计费方式需要注意电表的倍率，无论用电量多少均是一个价格，且变压器容量不宜过大，它多用于小型企业和家庭用户，因此，对于大型风电场并网，多用后两种电价模式。

4.5.3.2　峰谷分时电价

峰谷分时电价包括发电侧峰谷分时电价和用电侧峰谷分时电价。发电侧峰谷分时电价是根据一天内系统负荷的相对大小，按照每 8 小时一个时段将其分为高峰、平时、低谷 3 个时段，对于不同区域、不同季节来说，峰谷出现的时间也不同，不同时段的上网电量，对应不同电价水平的上网电价制度。一方面，这种定价方法在制定平段电价的基础上，通过一定比例的上下浮动得到高峰电价及低谷电价的计价方法；另一方面，这种计价方法有利于发电企业收支平衡的有效调节，可保持上网电价水平的基本稳定。由于峰谷分时电价可以动态调整上网电价水平，因此，目前这种计价方法已得到广泛应用。

4.5.3.3　两部制电价

两部制电价是按照固定电价和差额电价分别计算电价的一种计算方式。这种计算方式可以引导和激励发电企业提高变压器的最大容量或用电企业的负载率，提高供电部门的设备利用率，从而降低供电成本，通过价格杠杆促进用电企业用电的合理化，保证供电部门得到比较稳定的利润，用以补偿企业的成本支出。

对于电力企业来说，只要发电成本低于售电电价，就能获得经济效益。企业在经济调度管理模式下进行调度管理，希望政府能够给予更多的自由度，采用两部制电价定价方式，可以让企业自己选择缴纳电费的方式，企业根据自身实际情况和已有资源情况，将固定成本和交易成本统筹考虑后进行选择，发电企业要拥有更多的发电资源，应适当增加发电机容量和负荷负载率，利用成本管理的方法估算电网最大电费量，企业所采用的系列方法和具体措施，目的是兼顾用电量和负荷率，满足购电成本最低，实现经济调度管理目标，为企业创造更多利润，解决供电部门与用电企业的利益失衡等问题，因此，两部制电价在国内外被广泛应用到电力市场和电力企业中。

4.6 海上风电并网经济调度管理策略

4.6.1 系统运行成本最小化

在电力系统中最主要的成本包括发电成本、供电成本、平衡成本和电网成本。电力企业生产者只考虑电力系统的发电成本、供电成本和电网成本，平衡成本通常是由"系统"来承担的。

4.6.1.1 降低系统发电成本

风电是一种可再生能源，它不需要使用燃料就能发电，这种发电方式极大地降低了电力系统的发电成本。由于发电成本是电力系统运行的主要成本，因此，也降低了电力系统的运行成本。

4.6.1.2 降低系统供电成本

当风电大规模并网时，由于风电出力的不确定性和不可存储性，这对我们在进行经济调度管理时，如何能够最大限度地利用好风电资源，带来了严峻的挑战。传统的电力系统经济调度管理模式是基于电源可靠性和负荷可预测性的基础上进行的。现阶段，企业为了适应风电快速发展，需要了解负荷实际变化情况，降低风电输出功率预测误差，采取发电机组设备的协同工作方式，提高发电机组设备的整体利用效率为用电企业和用户提供电量，从而降低系统的供电成本。

4.6.1.3 降低系统电网成本

电力系统在运行时，为防止风电功率出现大幅波动，造成系统不能正常运行的情况发生，必须为系统预留一定容量的备用设备，用于解决日前风电输出功率预测偏差和发电机组故障跳闸造成的功率缺额，确保系统电网的可靠性和稳定性。企业为了降低系统电网成本，准确预估备用设备容量至关重要。

因此，电力企业在实际运营中，要想获得更多利润，就要考虑多种成本及其约束条件，降低企业的整体运行总成本。采用多种约束条件下的经济调度管理模式，能够根据负载的实时变化，分析风电功率曲线和负荷预测曲线的相关性，提高风电功率预测的准确性，统筹实施各个发电机组的发电计划，从而优化发电机组的开停机组合，降低企业的运行总成本。

4.6.2　降低辅助成本

4.6.2.1　网络连接成本

网络连接成本就是海上风电场和变电站连接所需的费用，这个网络连接的节点通常是最近的变电站，在电力系统实际调度过程中一般不予考虑，主要是已经将这些成本分摊在所有电力用户身上，也就是我们常说的成本"社会化"；此外，还有输电网维护和系统升级的不确定费用，这些费用主要由电力市场企业和用户来承担，一般是通过增加变电站电量供应而提高收益来分摊成本的。

4.6.2.2　提高电力系统稳定性

电力系统的稳定性是指系统在受到某些事故或突发性事件扰动后，经过一个暂态过程，重新回到运行平衡状态的能力。若电力系统稳定性被破坏，常规发电机组便不能保证电力系统安全稳定运行，这就需要风电场为风电留出足够的备用容量以确保电力系统安全稳定运行，这将导致大规模并网后运行调度难度增加，电网投资成本增加，同时，系统还需要留有备用电源和调峰容量，从而增加了电力系统的运行总成本。因此，提高电力系统的稳定性，对电力系统的安全可靠运行至关重要。

提高电力系统稳定的措施主要有以下两个方面。

（1）加强电网网架结构的稳定性

电力系统输出功率的能力与线路阻抗成反比关系，要提高系统稳定性，应减少系统线路阻抗、保持稳定的电压。同时，设置发电机组最低穿越电压额定值，使之能够维持风电场并网运行。

（2）采用电力系统保护装置

为确保电力系统供电稳定性和电能质量，应制定相应措施提高系统稳定性，采用电力系统保护装置，当出现线路保护异常或是并网线路故障时，可及时采取保护装置使电力系统尽快恢复到新的稳定运行状态。

4.6.3 提高风电功率预测水平

风能是一种随机波动的不稳定能源，大规模风电并网将会给系统的稳定性带来一系列问题，威胁电力系统的安全、稳定、经济和可靠运行。含有风电的电力系统经济调度在技术上和经济上面临双重挑战。一方面，企业希望在风电并网经济调度之前的预测非常准确，这样可以使系统能够接纳更多的风能，从而减少煤消耗量和碳排放量；另一方面，为了缓解风电产生的能量不均衡，企业需要将火电机组根据风电不确定性调整出力，降低火电机组的运行效率，增加发电场整体运行成本，火电机组的频繁调整，也加重了风电场的附加支出成本。因此，企业为解决上述问题，其有效途径之一是提高风电功率预测水平，风电场功率预测的准确性将直接影响到企业调度规划能否合理的安排各发电机组电源。优先使用新能源电源，减少燃料电源的利用率，降低电力系统整体运行成本，提高电力系统的安全性、稳定性、经济性和可控性，对企业进行经济调度提供有力保障。

影响风电场功率预测误差的因素主要有预测方法、预测时间尺度、预测地点的大气状态等，主要体现在以下几个方面。

①由于风能具有随机性和波动性，使输入数据保持时刻变化，针对短期预测方法，一般采用间接预测法，通过模拟大气真实运动状态，对风能的预测转化为对风电场输出功率的预测，可能存在错误数据不易辨别，导致预测结果存在一定误差。

②发电机组的实际运行特性受许多因素影响，一般情况下，只考虑风速、风向对功率的影响，实际上，风能还受地域、气候和各发电机组灵敏度的影响，预测模型的构建难以准确反映风电场的输出功率波动特性，这些对预测结果都会产生一定影响。

③风电功率预测一般采用气象信息也就是数值天气预报，由于是预报，所以不能真实反映每个发电机组实际运行的环境信息，有一定误差；有时进行风电功率预测时，先进行风速的预测，再进行功率的预测，二次预测也将增加一定的误差。

针对以上风电预测可能出现的误差，为提高企业风电功率预测水平，提出以下策略：

①根据输入数据的规律性，对输入数据相似的区域进行分区域风电功率

预测，从而提高输入数据的准确性，剔除奇异值，减少较大误差点的出现；

②由于风电功率误差受地域、天气及发电机组运行状态等多种因素的影响，要充分考虑风向、空气密度、大气湿度等因素，增加输入信息量，同时，缩短数据采集时间段，收集比较密集的风速、风电功率时间序列，避免骤升或骤降的时间序列，因此，要尽量减小突变点，降低风电功率预测误差；

③加强数值天气预报系统建设，对已有的气象信息预报模型进行优化，提高数值天气预报系统的分辨率，使之能够有效克服恶劣天气时，风电功率预测出现的严重偏差。

风电输出功率的预测是保证大规模风电并网经济运行的重要因素之一，因此要有效降低预测误差，给电力系统管理人员进行高效调度管理提供支持和保障。

4.6.4　提高风电场电能质量

我国目前很多海上风电场的建设规模和速度都超过国家大电网的建设速度，使得风电场调度优化问题日益明显和突出，电能质量是发电企业通过电网给用电企业或用户提供电能的品质，提高电能质量能够使企业获得更多的利润。在实际海上风电场建设时，企业一般会安装电能质量治理装置，加强风电侧的无功支撑，并配备一定的储能装置，提高风电机组的低电压运行能力，在保持原有发电机容量、电源结构等前提下，企业为获得更多的上网额度，加快推进风电技术手段的创新，提高风电场输出的电能质量，这样不但降低了成本，而且还能使企业获得更多的经济效益。

4.7　海上风电并网经济调度管理保障措施

4.7.1　确保海上风电利用率

为了缓解全球能源局面，改善能源结构，保障能源安全，改善生态环境，实现经济社会的可持续发展，2006 年我国颁布了《中华人民共和国可再生能源法》。根据目前我国所面临的能源需求与能源资源现状，制定了可再生能源开发利用的总目标和阶段性目标，鼓励和支持可再生能源并网发电，对促进可再生能源发展和能源结构优化意义重大。

中国的可再生能源资源，特别是海上风能资源非常丰富，但这些资源没有得到充分利用。中国政府也意识到可再生能源的利用，比其他化石类能源更节约、更环保，为了加快可再生能源发展速度，使可再生能源发电更具有竞争力，国家先后出台了一系列保障措施，如《可再生能源发电价格和费用分摊管理试行办法》、《可再生能源电价附加收入调配暂行办法》和《可再生能源电力配额及考核办法（征求意见稿）》等，来推进和保障可再生能源行业的发展，但相比发达国家的可再生能源发展程度来看，这些保障措施达到的效果还远远不够。

为了进一步推进和完善海上风电的发展，政府除了建立相关政策和保障机制外，还加强了顶层设计和考核机制，极大地促进了风电企业的快速发展，具体体现在以下几个方面。

4.7.1.1　加强规划设计管理

电力系统的规划设计是对电力系统负荷分布情况和需求动态进行分析和预测，提前做出各发电机组电量、电网及备用设备的安排预案，为满足电力系统用电需求提供安全、高效、可靠的电力质量。

近年来，随着大规模风电并网的快速发展，很多电力企业为了快速扩张产业规模，不断加大风电场并网规模，因而出现风电装机多而无法及时并网、一些地区负荷水平低、电网相对薄弱、风电的消纳水平不足、调峰能力有限、跨区域输电通道尚未建成、难以实现风电的大范围消纳、风电场运行效益不高等问题，出现这些问题的主要原因是长期以来，国家采取多种措施加快推动发展新能源，但政府规划设计管理明显滞后于电力产业的快速发展，致使风电发展过快而造成燃料成本增加、资源浪费、弃风等现象。因此，政府加强了电力监管部门对电力企业的市场监管，建立了可再生能源动态协调机制，避免出现现行标准和规定落后于快速发展的电力行业产业实际，甚至新的标准还未出台的尴尬局面。通过完善机制体制改革，优化电力系统的规划设计管理，合理安排风电与其他电源的统筹协调，实现电力工业的持续健康发展。

4.7.1.2　对风电产业实行优惠政策

风电是重要的可再生能源之一，加快风电发展对于增加清洁能源供应、保护环境、实现可持续发展具有重要意义。国外新能源发展大多数是以政府为主导，持续提供有利于新能源发展的相关政策支持。我国政府相继出台了一系列扶持新能源发展的政策，来缓解新能源发展存在的成本较高、风险较大、相关技术不成熟等问题，进一步推动风电产业快速发展。

（1）设立可再生能源发展专项基金

设立专项基金用于支持风电等可再生能源发展。从 2006 年开始，政府部门逐步建立了支持新能源开发利用的补贴和政策体系，对加快新能源发展给予大力支持。

（2）对风电产业实行税收优惠政策

风电产业实行税收优惠政策主要包括以下几种。

①所得税优惠。为鼓励企业开发并利用包括风电在内的可再生能源，企业所得税法和实施条例规定，对国家重点扶持的高新技术企业，按照 15%的税率减收风电企业所得税，符合条件的企业，可享有企业所得税减免优惠政策。

②增值税优惠。为了支持风电发展，从 2001 年起，对风力发电给予减半征收增值税的优惠政策。

③关税优惠。自 2008 年起，对我国电力企业缴纳的进口关税和增值税实行先征收后退回的政策，从而减少电力企业的经济负担。

（3）实施多种政策促进风电发展

实施低息（贴息）贷款政策、价格政策和补贴政策，积极促进风电产业发展。低息（贴息）贷款政策可以减轻企业还本期利息的负担，有利于降低生产成本。

可再生能源产品成本一般较高，对此，一些国家对可再生能源价格实行优惠政策，一般有 3 种：一是高价购买政策；二是实行绿色电价；三是可避免成本收购政策。

补贴政策一般有 3 种形式：一是投资补贴，即对投资者进行补贴；二是产出补贴，即对可再生能源的设备进行补贴；三是用户补贴，即对消费者（用户）进行补贴。

4.7.1.3 加强新能源发展的考核机制

国家为了大力推动新能源发展出台了一系列优惠政策，但各地政策的落实情况，国家还没有相关的考核机制和法律法规对此进行规范。我国应借鉴国外新能源快速发展的经验，针对不同区域、不同地区，建立科学合理的并网标准规范和具有可操作性的考核机制，使新能源企业、风机制造商、相关研究机构明确风电发展目标和具体要求，以此推动新能源产业快速发展。

4.7.2 构建管理创新及评价反馈体系

从我国新能源总体发展来看，企业想要快速发展，应大力发展新能源，使之能在中国能源领域占有一席之地，需要在以下几个方面加以重视。

4.7.2.1 提高电力系统工作人员整体水平

企业应该在国家宏观政策引导下，充分调动多方积极性，成立由产学研各群体共同组成的技术研发团队，发挥多方力量，鼓励多元化群体共同参与风电产业研发，为新能源快速发展做好技术支持。同时，企业应制定不同风电场的层次标准、专业管理规章制度和技术管理操作流程，有利于使企业建立与之相协调的动态调整机制，根据自身特点制定有利于自身发展的实施细则；与此同时，还要加强对风电技术人员的培训，提高电力系统工作人员整体水平。

4.7.2.2 探索新的运营方式

企业要发展要壮大，就要打破固有的管理模式，勇于探索和创新，寻找新的运营方式进行试点改革。充分利用政府对偏远区域和重点支持区域给予额外补贴和优惠政策及能够提供企业发展的便利条件和指导依据，要致力于寻求企业自身新的增长点，进一步助推企业自身快速发展，确保风电新能源电力产业向着健康低碳方向发展。

4.7.2.3 建立考核评价体系

在风电调度管理的实际应用中，企业对不同群体应建立起相应的监督和评价考核体系，提高自身风电开发和使用效益，确保供需多方利益，协调平衡新能源与其他传统能源的关系，为促进新能源可持续发展提供保障。

4.7.2.4　加大企业执行力度

根据我国海上风能资源、风电场建设位置及电网结构等特点，把落实风电市场建设情况、风电资源的有效利用情况和电能质量作为企业开展风电场建设的重要条件，要因地制宜地制定适合我国风电并网技术发展的实施规范，进一步提升产业竞争力，同时加大市场调控机制的执行力度，助推我国可再生能源良性快速发展。

4.7.3　落实风电配额制度

风电配额是指国家根据全国可再生能源利用中长期总量目标、能源发展战略及规划，以优先利用风电这种可再生能源为目标，对各省级行政区域内的电力消费规定最低风电能源比重指标。

4.7.3.1　完善并网电量体系建设

完善并网电量体系建设，推动风电产业有序发展，建立优先风电上网的调度规则，提高风电并网技术水平和风电消纳容量；落实国家风电配额制度，加强跨区域电力交易市场的监管，有效提高电网风电消纳能力；合理解决弃风限电问题，有效保障风电企业的稳定收益；我国风电设备制造成本远低于国外，但投资成本和用电成本反而高于国外，原因主要是弃风限电、资源错配及路条转让等非技术成本过高，企业若能解决风电的这个问题，便能够推进电力企业快速发展，电力企业应面向行业、面向政策因地制宜地调整自身的运营方式，进一步提高市场占有率、提升经营收益。

4.7.3.2　推动风电配额制度实施

国家提出风电配额制度，由各省级电网公司制定完成风电配额的具体实施方案，并优先配送风电产生的电力，指导电力企业开展风电的电力交易，按照风电配额具体实施方案进行强制摊销。电力企业在此基础上，提出自身发展风电的中长期发展目标和发展规划，全面推进风电配额制度的实施，提升电力企业生产和消费的积极性，为国家可再生能源电力健康可持续发展提供制度性助力保障，推动我国能源系统朝绿色低碳方向转型。

4.8 本章小结

本章首先介绍了海上风电并网经济调度管理模式的分类及特点，根据经济调度管理模式的目标，建立了经济调度管理流程；构建了具有多种约束条件的动态经济调度管理模型，在第3章风电功率预测误差的基础上，阐述了经济调度管理机制，为提高风电场输出的电能质量，满足负载用电要求，降低企业运营成本，提出了企业进行经济调度的管理策略和保障措施，使企业能够获得更多的经济效益。

第5章　海上风电并网节能调度管理模式

5.1　节能调度管理模式的原则及特点

节能调度管理模式主要以新能源和可再生能源机组最优组合进行并网发电，常规能源机组按照平均供电煤耗率大小和污染物排放水平高低进行排序，根据优先上网发电次序原则，进行发电的一种调度管理模式。节能调度管理模式是推进和落实节能减排的有效途径和可行方法。实施节能调度管理是提升电力产业能源使用效率、节约能源、减少污染、落实国家节能减排的重要举措之一，为建立电力行业的长效机制、促进能源发展和电力结构优化调整奠定了基础，同时是推动中国绿色经济、实现电力行业可持续发展的关键战略。

5.1.1　节能调度管理模式的基本原则

节能调度管理模式的基本原则是以绿色、环保为目标，以保障电力系统安全稳定运行为前提，实现为用户连续可靠供电，通过科学有效地调配电力系统内各机组设备，按能耗和污染物排放水平由低到高的顺序，优先使用可再生能源和清洁能源进行发电，充分发挥市场的监督和调节作用，促进系统高效、清洁运行。节能调度管理的发电顺序以机组发电排序的序位表为依据，依序安排各发电机组进行发电，优先使用没有调节能力的可再生能源，有利于减少弃风，并有效提高能源利用率；其次使用有调节能力的可再生能源，根据用户用电情况动态调节可再生能源的发电量；再次使用核能及不用燃料资源就能发电的发电机组；最后使用具有燃煤燃油类的发电机组，对于同类型火电机组按照能耗水平由低到高进行排序，对于相同能耗水平按照污染物排放水平由低到高的顺序进行排序。因此，优化节能调度管理应尽量做到以下 3 点。

5.1.1.1　保证电力电量可靠供应

在考虑电力电量可靠性方面主要考虑了电力平衡和电量平衡两个方面，在电力平衡方面，系统可供发电能力应大于等于电力负荷和备用的需求，这样能够确保用户负荷需求；在电量平衡方面，系统各种类型电源发电量应满足总电量的需求，包括电力系统的常规用电量和其他辅助用电量的需求。

5.1.1.2　保证电网安全稳定运行

优化节能调度管理要在满足电力系统安全稳定运行的基础上，考虑与之相关的主要影响约束，最大限度地实现节能降耗，从更大时间范围内，提高电力系统运行的经济性，节约不可再生一次能源的消耗总量。

5.1.1.3　保证优先利用清洁能源

积极开展风电调度控制体系研究，使风电的利用按照系统并网调度规划进行，优先使用清洁能源，确保电力系统电力电量平衡的稳定性和可靠性，有利于落实节能减排政策，最大化接纳风电，为优化能源结构、构建绿色环保社会奠定基础。

5.1.2　节能调度管理模式的特点分析

节能调度管理模式是对经济调度管理运行方式的一个有益补充，在目前开放的电力市场运行模式下，企业需要综合利用经济杠杆和行政手段，对于统筹电力资源、提高资源利用效率、提升企业经营效益具有非常重要的现实意义。

5.1.2.1　高能低耗的节能调度管理模式有利于全面落实节约型社会

在低碳、绿色、环保政策下，节能调度管理模式按照优先保证低能耗、少排放、低成本的机组优先调度发电，减少高能耗、重污染、高成本的机组发电小时数，而高能耗、重污染、高成本的机组主要用于备用设备或系统突发启停任务，这是落实国家科学发展、构建节约型社会的具体体现。实施节能调度管理为提高电力工业能源使用效率、节约能源和电力结构调整奠定了基础，同时为推动中国绿色经济、实现电力行业可持续发展关键战略起到了积极的作用。

5.1.2.2　多种发电模式共存的节能调度管理模式有利于全面落实环境友好型社会

我国现阶段能源形势严峻，推进我国电力产业节能降耗意义重大。节能调度的变革可以促进能源结构调整、优化电力结构组成、转变经济发展方式，国家为了推动节能调度发展，已经出台了有利于促进低效小火电机组关停并转和提高节能环保高效发电机组利用率的系列政策，对建设节约型社会、环境友好型社会发挥了积极作用。然而，节能调度的有效开展，势必对电网建设成本、电网企业电源结构调整产生一定影响；同时，远距离的节能调度也会在价格、输电线路损耗上给电网企业收益带来影响。因此，要以保障企业自身的稳定收益为出发点，创新节能调度管理方法，加快先进的能源技术研究，发挥节能调度对电网企业节能降耗的作用，增强国家的可持续发展能力。

随着海上风电的快速增长，海上风电在我国电力系统的比重在不断攀升，大规模风电并网发电已经给电网功率平衡、频率控制、潮流分布、调峰调压、系统安全稳定及电能质量等方面带来了越来越多的挑战，对电网正常运行产生了一定影响。因此，本书在构建节能调度管理模型时，除了考虑发电机组出力约束、风电功率计划值约束和负载平衡约束外，还增加了火电机组爬坡约束、火电机组备用容量约束和风电功率预测偏差约束，使构建的模型更能够真实地反映出风电的实际情况，有利于进一步提高电网运行控制水平，同时，在节能调度管理模式下，为了使企业降低生产成本，通过合理规划风电和其他发电电源的构成比例，确保可再生能源和高效能、大容量机组优先发电，尽可能利用风电，提高风电利用率，降低企业成本，使企业获得更多利润。

5.2 海上风电并网节能调度流程

5.2.1 节能调度管理的目标和内容

5.2.1.1 节能调度管理的目标

中国人口的快速增长，使能源消耗也随之增加，因此，煤炭需求量增大，火电机组能耗高、污染物排放高，为了落实国家节能减排的总体战略，提出了要优化节能调度管理方式。优化节能调度管理方式主要以优化电力结构为主线，以降低能源消耗和保护生态环境为目标，按各类发电机组能耗排放水平，优先调度可再生能源，限制高耗能、重污染的常规发电机组发电，逐步关停高耗能高污染的发电机组，进一步优化发电调度规划与电量分配方式，实现节能优化调度。节约能源成为我国经济和社会实现可持续发展的重要条件，电力行业也是加快我国能源节约潜力较大的行业之一，对于促进我国节能降耗、保护环境及构建节约型社会具有重要的实际意义。

5.2.1.2 节能调度管理的内容

电力企业在节能调度管理模式下进行调度，应当在保证电力系统安全的前提下，使节能高效的发电机组优先发电，高能低效的发电机组后发电，做到能量最大化，并适当考虑企业的总体成本因素，但当电力供需形势紧张或发生突发事件时，全部机组都将投入发电，满足电力供需平衡。

5.2.2 节能调度管理流程的构建

根据节能调度管理目标，构建节能调度管理流程如图 5-1 所示。

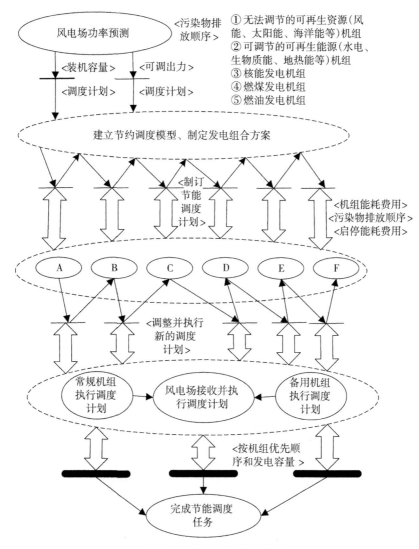

图 5-1　节能调度管理流程

注：A 为系统负荷平衡约束；B 为风电功率计划值约束；C 为发电机组出力约束；D 为风电功率偏高系统约束；E 为机组爬坡约束；F 为备用容量约束。

（1）风电功率预测

结合电力系统调度管理需求和节能调度管理目标，按照风电场装机容量和风电出力情况，进行风电功率预测。根据预测结果制订构建节能调度模型，制订风电场发电机组发电组合方案及节能调度计划，满足节能调度管理需求和目标。

（2）执行调度计划

根据节能调度计划的任务描述和节能调度计划，在考虑污染物排放顺序、机组能耗费用和启停能耗费用等引发条件的基础上，执行调度计划。

（3）优化调度计划

在执行节能调度计划全部任务的过程中，需要根据调度需求和预测结果，并考虑多种约束条件，及时调整调度计划，按照每个任务状态从可利用变为可利用或被占用或不可用 3 种状态之一，每种状态都有其各自的引发条件，调度计划要按照引发条件进行调整，根据调整后的调度计划重新调配各类资源，实现调度计划的优化，执行优化调度计划。

（4）完成调度任务

根据调度能够提供的调度资源和调整后的调度计划，风电场接收调整后的调度计划，并执行该调度计划，此时，每个任务状态仍处于可利用、被占用和不可用 3 种状态之一，为执行下一个调度管理模式做准备，完成调度任务。

5.3 海上风电并网节能调度建模

5.3.1 构建目标函数

节能调度管理模式是在确保电网安全稳定的前提下，使可再生能源和清洁能源优先发电，其他电源按照各类发电机组的煤耗量和污染物排放水平高低，综合调度各类发电机组出力，满足电力供需平衡。本书在构建节能调度模型目标函数时，使所有机组的发电能耗量最低，并考虑电力系统运行的经济性问题，根据第 3 章风电输出功率预测的 NMAE 和 NRMSE，在进行海上风电发电量节能调度时，应预留 15% 的调度裕度，由于负荷是可以准确预测的，且精度可以达到 99%，因此，在本书的相关研究中，假定在负荷值已知的前提下，进行节能调度分析。

节能调度的成本函数为

$$\min \sum_{i=1}^{NG} \sum_{h=1}^{H} C_i(P_{i,h}, I_{i,h}) \qquad (5-1)$$

式中，C_i 为机组 i 在 t 时段的能耗函数；$I_{i,h}$ 为发电机组 i 在 h 时段的状态，0

为停机，1 为开机；$P_{i,h}$ 为发电机组 i 在 h 时段的出力值，MW。

本书在研究海上风电功率预测时，主要研究了提前一天的短期风电功率预测，因此，本章在研究节能调度管理模式时，主要研究短期节能调度管理模式，在构建节能调度管理模型时，以发电机组发电煤耗量最小为目标，一方面考虑了系统负载平衡约束、机组出力上下限约束、机组爬坡率约束、风电功率计划值约束、风电功率预测偏差约束和备用容量约束等多种约束条件，同时也考虑了电力企业运行的经济性问题；另一方面，在考虑污染物排放量的情况下，以企业电力系统发电燃料总耗量最小、污染物排放总量最小和电网有功网损最小为前提，建立多目标节能调度模型，采用排放价格因子法对发电计划目标函数进行调整，将企业电力系统总能耗最小和总排放最小的多目标问题转化为单目标问题，在国家节能减排背景下，电力企业考虑利用风电作为可再生能源的主要发电方式之一，有利于电网实施节能调度。

基于以上实际情况，初步调整后的目标函数为

$$\min \sum_{i=1}^{NG} \sum_{h=1}^{H} F_{ci}(P_{i,h}, I_{i,h}) + SU_{i,h}(I_{i,h}, I_{i,h-1}\cdots) \qquad (5-2)$$

式中，$F_{ci}(P_{i,h}, I_{i,h})$ 为机组 i 在 t 时段的运行成本，一般称为机组 i 的特性函数。$SU_{i,h}$ 为火电机组 i 在 h 时段的启动费用。

火电机组启动费用包括汽轮机启动费用和锅炉启动费用。实际上，由于汽轮机热容量小，其启动煤耗费用可以假定为一个固定的常数，而锅炉的热容量很大，从点火开始到锅炉各部分达到稳态都需要热量，产生煤耗。机组启动费用和停机时间也是相关的，它随着机组停机时间逐渐增加，并趋于一个定值。

电力系统在实际调度运行中，通过已有的备用设备容量来消纳系统负荷和风电的变化，依据风电功率的预测值，在发电计划中将风电功率预测值当作"负"负荷来处理，也就是当作固定出力机组来处理，相比于将风电出力当作系统负荷的预测误差来讲，该方法可以减小风电对系统实时调度运行带来的影响。但随着风电的大规模并网，风电功率预测误差将会对电网的安全可靠性产生一定影响。由于风能的随机性和负荷的随机性在某种程度上具有一定的相似性，风电场各时段的有功出力总耗量成本可以采用梯形隶属函数表示：

$$\mu_1(P_{f,m,h}) = \begin{cases} 0 & (P_{f,m,h} < P^1_{f,m,h} \text{ 或 } P_{f,m,h} \geqslant P^4_{f,m,h}) \\[2mm] \dfrac{P_{f,m,h} - P^1_{f,m,h}}{P^2_{f,m,h} - P^1_{f,m,h}} & (P^1_{f,m,h} \leqslant P_{f,m,h} < P^2_{f,m,h}) \\[2mm] 1 & (P^2_{f,m,h} \leqslant P_{f,m,h} < P^3_{f,m,h}) \\[2mm] \dfrac{P^4_{f,m,h} - P_{f,m,h}}{P^4_{f,m,h} - P^3_{f,m,h}} & (P^3_{f,m,h} \leqslant P_{f,m,h} < P^4_{f,m,h}) \end{cases} \quad (5-3)$$

式中，$P_{f,m,h}$ 为风电机组 m 在 h 时段的功率计划，MW；$P^i_{f,m,h}(i=1,2,3)$ 为风电场隶属度参数，由风电场输出功率的历史数据确定，隶属度参数决定了隶属函数的形状。

决策者对隶属函数的满意程度由满意度指标表示，一般满意度指标由式（5-4）来表示：

$$\mu_1(F) = \begin{cases} 1 & F < F_1 \\[2mm] \dfrac{F_2 - F}{F_2 - F_1} & F_1 \leqslant F < F_2 \\[2mm] 0 & F \geqslant F_2 \end{cases} \quad (5-4)$$

式中，F 为风电场的发电成本；F_2 为可以接收的发电成本最值，根据优化模型计算前的成本来确定；ΔF 是期望节约的最大成本，这里令 $F_1 = F_2 - \Delta F$。

由于风电具有不可控性和随机性，其并网后系统会增加一定数量的旋转备用容量，电力系统旋转备用容量的增加使常规机组启停策略会随之发生变化，可能会导致电力系统总体运行成本增加，因此，要降低不确定因素对电力系统产生的风险，将含条件风险价值和风电预测结果标准差值的惩罚项加入短期风电节能调度的目标函数中，在保证电网稳定运行的前提下，降低风电不确定性因素产生的各类成本，在考虑上述因素前提下，短期节能调度模型目标函数为

$$\min \sum_{i=1}^{NG} \sum_{h=1}^{H} F_{ci}(P_{i,h}, I_{i,h}) + SU_{i,h}(I_{i,h}, I_{i,h-1}\cdots) + \delta\mu_{\text{wind}}\theta \quad (5-5)$$

式中，δ 为惩罚因子；μ_{wind} 为风电功率预测相对误差期望，MW；θ 为条件风险价值，元/MW。

考虑到风电功率的不确定性，发电计划计算的优化结果应该是一个区间，在充分考虑风电功率预测误差和弃风的情况下，计算出各机组单位的运行区间边界。

定义 q 为风电功率偏差系数，用来表征风电实际功率与预测功率的偏差程度：

$$q = \left| \frac{P_f - P_{\text{act}} - \mu_{\text{wind}} \times P_{\text{wind, Cap}}}{P_{\text{wind, Cap}} \times \sigma_{\text{wind}}} \right| \qquad (5-6)$$

式中，P_f 为风电功率预测值，MW；P_{act} 为风电功率实测值，MW；σ_{wind} 为风电功率预测相对误差标准差，MW；$P_{\text{wind, Cap}}$ 为系统风电装机容量，MW。

根据风电功率预测值给定 q、风电功率预测误差标准差可以确定风电机组实际出力的置信区间，任意时段的风电场风电出力置信区间构成风电出力给定允许偏差范围，无论风电实际功率曲线如何，只要其在风电给定允许偏差范围内，系统均能在实时调度中通过调整火电机组出力来消纳风电实际值与预测值之间的偏差，平衡系统负荷。

考虑电力系统经济性下，构建含有多种约束条件的节能调度管理的目标函数为

$$\min \sum_{i=1}^{NG} \sum_{h=1}^{H} \left[F_{ci}(P_{i,h}, I_{i,h}) + SU_{i,h}(I_{i,h}, I_{i,h-1} \cdots) \right] +$$
$$N \times \sum_{m=1}^{W} \sum_{h=1}^{H} (P_{f,m,h}^{\text{forecast}} - P_{f,m,h}) - M \times \sum_{m=1}^{W} \sum_{h=1}^{H} (| q_{m,h}^{\text{up, actual}} | + | q_{m,h}^{\text{down, actual}} |) \qquad (5-7)$$

式中，$P_{f,m,h}^{\text{forecast}}$ 为风电机组 m 在 h 时段的功率预测值；N 为电源罚函数系数；M 为风电功率预测偏差系数罚函数；$q_{m,h}^{\text{up, actual}}$ 为风电功率上偏差系数；$q_{m,h}^{\text{down, actual}}$ 为风电功率下偏差系数。

在式（5-7）中，M 的取值是表示风电功率预测偏差在目标函数中所占的权重，M 取值越大，说明在发电计划中，系统消纳风电功率预测误差能力越强；M 取值越小，说明在发电计划中，系统消纳风电功率预测误差能力越弱，通过优化计算，系统通过增加风电功率调节裕度，来弥补风电预测发电量的不足。

5.3.2　约束条件

系统对风电的接纳能力受多方面因素的影响，即使风电功率预测十分准确，系统也会受一些约束的影响而不能全部消纳风电。此时，电网调度一般是选择弃风的方法来保证电力系统运行的安全稳定，电力系统最终的风电计

划值不应大于其风电功率预测值，同时应在其接纳能力范围内避免弃风现象的发生。

5.3.2.1 发电机组出力约束

不考虑风电功率预测误差时，处于开机状态的火电机组出力应介于其最小和最大值之间。考虑系统风电功率预测误差时，当风电高于计划值时，火电机组对应时段出力 PL 应不高于其计划出力 P；当风电低于计划值时，火电机组对应时段出力 PL 应不低于其计划出力 P，约束条件为

$$P_{i,\min} \times I_{i,h} \leqslant PL_{i,h} \leqslant P_{i,h} \leqslant PU_{i,h} \leqslant P_{i,\max} \times I_{i,h} \qquad (5-8)$$

式中，$PU_{i,h}$ 为风电功率低于计划值时火电机组 i 在 h 时段的出力，MW；$PL_{i,h}$ 为风电功率高于计划值时火电机组 i 在 h 时段的出力，MW。

火电机组爬坡约束：

$$PU_{i,h} - PL_{i,h-1} \leqslant [1 - I_{i,h}(1 - I_{i,h-1})]UR_i + I_{i,h}(1 - I_{i,h-1})P_{i,\min}$$
$$PU_{i,h-1} - PL_{i,h} \leqslant [1 - I_{i,h-1}(1 - I_{i,h})]UR_i + I_{i,h-1}(1 - I_{i,h})P_{i,\min} \qquad (5-9)$$

5.3.2.2 系统负载平衡约束

系统的电力供需要时刻平衡，模型中忽略系统的网损值，也就是火电机组、风电机组计划值之和应与系统对应时段的负荷值相等。考虑风电功率预测误差后，PL、PU 也要满足相应的功率等式约束，具体表达式为

$$\begin{cases} \sum_{i=1}^{NG} P_{i,h} \times I_{i,h} + \sum_{m=1}^{W} P_{f,m,h} = P_{D,h} \\ \sum_{i=1}^{NG} PU_{i,h} \times I_{i,h} + \sum_{m=1}^{W} (P_{f,m,h} - q_{m,h}^{\text{down, actual}}\sigma_{\text{wind},m,h}) = P_{D,h} \\ \sum_{i=1}^{NG} PL_{i,h} \times I_{i,h} + \sum_{m=1}^{W} (P_{f,m,h} + q_{m,h}^{\text{up, actual}}\sigma_{\text{wind},m,h}) = P_{D,h} \end{cases} \qquad (5-10)$$

式中，$\sigma_{\text{wind},m,h}$ 为风电机组 m 在 h 时段的功率预测绝对误差标准差，MW。

系统火电机组备用容量约束：

$$\sum_{i=1}^{NG}(P_{i,\max} - PU_{i,h}) \times I_{i,h} \geqslant R_{\text{up},h}$$
$$\sum_{i=1}^{NG}(PL_{i,h} - P_{i,\min}) \times I_{i,h} \geqslant R_{\text{down},h} \qquad (5-11)$$

5.3.2.3　风电功率计划值约束

在不发生弃风时，风电功率计划值与其预测值相等；在发生弃风时，风电功率计划值应小于其预测值。此外，当风电出现高于或低于其计划值的功率偏差时，其最小值不能小于 0 MW，最高不能超过其装机容量，具体表达式为

$$\begin{cases} 0 \leqslant P_{f,\,m,\,h} \leqslant P_{f,\,m,\,h}^{\text{forecast}} \\ P_{f,\,m,\,h} - q_{m,\,h}^{\text{down, actual}} \sigma_{\text{wind},\,m,\,h} \geqslant 0 \\ P_{f,\,m,\,h} + q_{m,\,h}^{\text{up, actual}} \sigma_{\text{wind},\,m,\,h} \leqslant P_{\text{cap},\,m}^{\text{wind}} \end{cases} \tag{5-12}$$

考虑到实际风电功率预测误差分布特性及风电装机容量限制，在进行发电计划计算之前，风电功率预测偏差系数可以根据系统可靠性的要求给定一个上限值，记为 q_{given}。系统对风电预测功率偏差的消纳能力有限，因此，偏差系数实际取值可能小于 q_{given}。

$$\begin{cases} 0 \leqslant q_{m,\,h}^{\text{up, actual}} \leqslant q_{\text{given}} \\ 0 \leqslant -q_{m,\,h}^{\text{down, actual}} \leqslant q_{\text{given}} \end{cases} \tag{5-13}$$

5.3.3　算例分析

根据第 4 章风电功率概率密度预测结果及沿海某电场的实测数据，以沿海某电场 2012 年 1—2 月中某日 24 小时数据作为训练数据集，构建经济性下带有不同约束条件的节能调度目标函数，使之含有实际总运行成本和总固定成本两部分，其中，实际总运行成本包括生产成本、发电成本和备用容量成本；总固定成本包括启动成本和停止成本。将含有多种发电模式的调度规划场景进行分析，不同置信区间的发电情况如图 5-2 所示。

根据短期风电功率预测值，可以确定风电机组实际出力的置信区间，所有计划时段的风电出力置信区间构成风电出力给定允许偏差范围，由图 5-2 可以看出，无论风电实际功率曲线是怎样的，只要其在风电给定允许偏差范围内，按火电机组的煤耗和燃料类型进行分类，来自化石燃料类的发电是恒定的。尽管对应不同的置信区间，由于风电这种可再生能源的可再生性，风电有很大的不同，系统均能在实时调度中通过调整火电机组出力来消纳风电实际值与预测值之间的偏差，以此来平衡系统负荷。

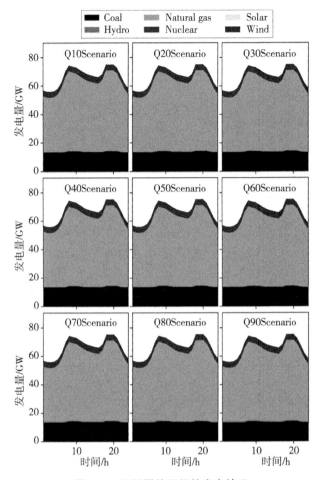

图 5-2　不同置信区间的发电情况

　　由于海上风电自身具有输出功率不确定性和电力系统发电复杂性的特点，研究节能调度管理模式在实际大型风电场电力系统中的适用性时，以发电能耗量最低为调度规划目标，多种发电方式并存的节能调度管理模式，要根据各类发电机组的实际出力情况，确定各发电机组实际出力的置信区间，通过惩罚因子动态调整负载平衡约束与预留的发电机组出力约束和风电功率计划值约束，使所有计划时段的风电出力在允许风电偏差的范围内，利用直流潮流模型来动态调整移位因子的方法计算线路潮流，减少电力系统输电线路的潮流电压受线路约束的影响，并通过二次函数分段逼近的方法，使系统在实际进行节能调度管理过程中，通过调整不同机组出力来消纳风电实际值与预测值之间的偏差，达到平衡系统负荷的目的。

5.4　海上风电并网节能调度管理模式的适用条件

5.4.1　影响节能调度管理模式效能的因素

5.4.1.1　电源结构的影响

合理规划电源结构能够较好地解决能源资源的不均衡性和负荷用电的不平衡性。企业在节能调度管理模式下制定发电计划时，一般采用分区平衡的方式安排发电电源，这种分区方式很可能会影响电力系统的安全稳定运行，具体表现以下两个方面。

①由于海上风电具有不确定性，其功率波动常常无规律可循，不同发电机组所处的电网地理位置不同，其发电煤耗和发电成本也不同，这就需要电网为发电机组提供足够的调峰容量，扩大电网调峰范围，预留出充足的正反向旋转备用容量，为确保电力系统安全稳定运行，在进行节能调度管理模型构建时，考虑了火电机组备用容量约束，使之能够满足系统调峰容量的要求，在大规模风电功率波动时，确保电力系统安全稳定运行。

②分区平衡的方式安排电源结构，使得发电机组负荷率相近，系统潮流分布较为均衡，但实际进行大规模海上风电并网时，风电输出功率会出现大幅波动，发电机组的负荷率和潮流分布也会出现很大变化，企业进行节能调度时必然要打破这种分区平衡的方式，对电源结构进行再规划，实现资源优化配置，进而确保电力系统安全稳定运行。

5.4.1.2　风电接纳能力的影响

在进行节能调度时，随着风电并网装机容量的增加，风电输出功率的波动也随之增大，科学规划系统中风电装机容量以适应电网所能接纳的风电输出功率波动，对于企业提高风电利用率、降低运行成本至关重要。因此，在企业进行节能调度前，需要计算出当前控制区域内风电总接纳能力，当系统在负荷低谷而风电功率增发时，为了全额接纳风电，系统中的其他机组将减小输出功率；当风电功率增加到最大值时，其他的调峰机组可能停止工作，从而增加了系统节能调度运行的难度，影响系统安全稳定运行。

5.4.1.3 上网电价的影响

我国的上网电价是由国家价格主管部门基于发电企业的发电成本和预计发电利用小时数核定的。节能发电调度是依据不同类型、不同容量机组的供电煤耗和污染物排放水平，按照能耗优先、环保优先的原则来安排发电计划，改变了现有的发电调度模式，不再享有基本相同的发电利用小时数。在现行的上网电价机制下实行节能发电调度，会给企业带来一些问题，主要体现在以下两个方面。

①由于上网电价的构成发生了变化，不同机组的发电利用小时数有所不同，致使电力企业的发电成本发生了变化，可能会造成上网电价的上涨或企业经济利益的波动。

②由于上网电价的变化会引起发电企业之间的利益关系不同，拥有水电和大容量火电机组的发电企业可能获取超额利润，而拥有高煤耗机组的发电企业可能会带来严重亏损。现行的上网电价机制与节能发电调度模式不完全匹配，国家为了促进节能发电调度的有效实施，出台了差别电价政策。

5.4.2 节能调度管理模式的适用条件分析

海上风电场的选址受多方因素的影响，最主要的因素是风资源因素，国家在进行海上风电场建设时，首先要对选择的区域范围和条件进行评估，其次对海域条件和负荷需求进行分析，若企业建海上风电场时，多选择节能调度管理模式，具体体现在以下几个方面。

5.4.2.1 海域条件

近年来，随着风电场技术发展的成熟和风电在电力系统所占比重不断增大，风电企业已经将开发风电场的目标由风能资源更为丰富的 15 m 以外的近海海域向深海海域发展，目的是获取更多高质量的海上风电能源，提高机组利用小时数，减少火电等其他能源的使用，在区域内做到合理规划、资源共用。

5.4.2.2 区域环境条件

区域环境对电力企业选择调度管理模式具有一定的影响作用。在一些地区，火电因供热综合利用传输线路短、电能质量相对较高，存在调节能力低但电能质量高的情况。为了获得较高的电能质量，需要设置大量灵活调节容量的发电机组进行供电，但这些地区往往是风电较活跃区域或是风电反调峰特性明显区域，电力企业在这类地区建立的发电站，一般选择节能调度管理模式进行调度，力争对风电进行全额接纳，减少火电的利用率，进而达到能量最大，企业虽然可以获得更多的能量，但也给企业调度管理增加了一定的困难，企业要确保运营收益，在进行节能调度管理运行模式前，要预测这些因素对企业的影响程度和收益情况，确保企业在进行节能调度管理时的利润。

5.4.2.3　负荷需求

海上风电调度管理的主要任务是在电力系统安全稳定运行的前提下满足用电企业或负荷需求，在用电用户和负荷不均衡或是风电出力不稳定时，为了给用户或负荷提供连续供电、保持系统负荷平衡，一般选择节能调度管理模式，企业应从整个电网的角度出发，为实现海上风电的优化调度，制定包括新能源电源、其他类型发电机组在内的电力系统发电计划，为用电企业或负荷提供高质量的电能，确保负荷需求。

电力企业的调度管理模式与其自身定位和运营方式密切相关，无论是发电企业还是发电机供应商，在开始运营前，要根据国家相关政策，确定自身未来的运营模式和发展方向，企业在运营过程中，为了获得更多利润，采取一系列促使企业快速发展的管理措施和技术手段，使企业能够在同行业中处于前列并得到长足发展。

5.5　海上风电并网节能调度管理机制

5.5.1　系统接入节点的选择机制

不同地区电网的负荷种类多种多样，风电场附近地区负荷的电压频率调节特性与负荷对电压和频率质量的要求也各不相同，它们会限制电力系统能承受的最大风电功率，因此，科学选择系统接入节点是非常必要的。

5.5.1.1　系统节点接入方式的选择

风电场对电力系统中节点接入位置的选择，将直接影响到风电功率的变化、负载能力和短路容量等因素，节点接入方式包括单点接入和多点接入。负载能力越强，短路容量越大，受到节点电压对风电功率变化越明显，由于多点接入方式是不同风速分别输入的，采用多点接入方式无论从风速扰动、电压波动、功率变化等情况都优于单点接入方式。一般来说，企业希望风电功率变化不太明显，这样能够较为准确地预测风电功率，因此，电力企业选择公共连接点附近的多点接入方式，这种接入方式能够很好地降低负载功率，对风电调度管理提供有力的数据支持。

5.5.1.2　考虑风电功率的多点接入方式

由于海上风电具有间歇性，会出现阵风骤升或骤降的情况，这样会导致风电在大规模并网时，引起时段性的功率偏差，影响电力系统的实时平衡，给风电实时调度管理带来了一定难度，不利于电网安全稳定运行。因此，风电场在实际运行过程中，为保证风电功率的准确性，使系统节点采用多点接入方式，且节点选择越分散越好，有利于火电机组出力能够保持介于其最小和最大值之间，使风电功率预测能够始终保持在一个稳定的范围内，进一步降低风电功率的偏差，这对于企业精准调度至关重要。

5.5.1.3　考虑负荷用电量的多点接入方式

由于海上风电具有随机性，风电这种发电资源受自然条件影响很难准确控制和调度，相对于风电发电量来说，负载更容易控制、管理和预测，电力企业为了提高风电利用率，实现准确调度，采取在负载连接点附近的多点接入方式，对负载用户数的控制、负载延伸范围的管理和负载精准的预测等管理，对负荷用电量进行动态管理，减少弃风，使企业的发电和用电能够保持动态平衡，从而使企业获得更多利润。

5.5.2　不同类别机组协同管理机制

节能发电调度管理模式打破了传统发电调度的平均分配模式，通过国家实施的差别电价机制，明确了政府对电力行业的支持方向，给发电企业带来无限机遇，加快可再生能源发电企业的发展。

5.5.2.1　不同区域发电机组协同

国家出台相关政策限制中小火电机组发电企业的发展，确定了大容量、低能耗、高效率发电机组发电企业的优势地位，发电企业应根据国家重点支持方向，整合并优化现有机组间的协调和分配，对不同区域、不同能耗的发电机组形成机组群管理，根据不同机组群耗能情况、机组群容量及机组群工作效能，对机组群实行分时段、分层次、分类别调度管理，优化机组群间的协同工作效率，提高机组群间的风电预测功率预测精度，按照用户需求提供精准服务，调整企业节能调度管理策略，使企业实现节能降耗。

5.5.2.2　电力系统机组间协同

电力企业要根据各发电机组类型和容量、火电机组能耗水平、污染物排放环保水平和用户需求，充分考虑电力系统有功平衡约束、机组出力上下限约束、机组爬坡约束、最小开停机时间约束、选择备用约束和负荷备用约束，合理安排各发电机组调频、调峰和备用空间容量，根据实际情况，调配并网发电机组的发电顺序，调整发电机组的发电组合，减少用户在用电高峰期的弃风和用户在用电低谷期的消纳问题，提高电力系统机组间的协同，使发电量与负荷达到动态平衡，确保全网及各地区连续可靠供电。

5.5.3　有序用电管理机制

为了提高电能、电网设备利用率，确保用户用电水平和质量，电力企业加强用电管理，改变用电方式，规范用电秩序，通过采取错峰、避峰、限电、轮休、让电等一系列措施，全面落实国家有序用电政策，减少了地域性、季节性、时段性的电力供需之间的矛盾，通过有序用电管理可以实现节能调度的目的。有序用电由各级政府和有关部门、供电企业、发电企业和用电用户共同参与，发电企业实施有序用电，力争开展电力需求侧企业管理错峰与落实国家电力产业政策、能源政策、环保政策相结合，树立科学发展观，改变经济增长方式，强化电力资源的优化配置，切实做到"有保、有限"，提高电力资源的整体利用效率[135]。根据各级政府和有关部门、供电企业及用电用户各方主体在电力需求和电量使用的实际情况，制定有序的用电管理机制。从经济学的角度分析，实施有序用电就是企业如何将有限的电力资源合理配置，实现资源最优化，从而促进社会经济达到效益最大化的目标，全面落实国家有序用电的政策，使企业能够在有序用电政策下获得更多收益。

5.5.3.1 发电侧有序用电监管机制

电力系统本身复杂的特点和我国电力市场作为自然垄断市场导致的市场失灵，这两者都决定了在目前的市场环境下，发电企业只能通过行政方式进行有序用电的监督和管理，并聘请第三方机构来指导监督和统筹协调企业有序用电工作，评估各个用户的停电损失，以此作为应对紧急情况拉闸限电的依据。企业根据第三方机构的评估结果，通过技术手段对电网低谷时段和电网高峰时段的电力需求进行实时监控，根据监控结果将发电机组工作状态进行动态调整，并在一定程度上使之保持动态平衡，实现以较少的装机容量让系统电力供需达到平衡，进一步优化电能资源配置和设备利用率[136]。

5.5.3.2 用电侧有序用电节能机制

用电用户是电力需求侧资源总消耗的直接实施主体，用电用户要严格落实有序用电政策，积极配合发电企业严格执行实施方案，发电企业要充分发挥自身主观能动性，做到资源信息获取准确，调度管理精细到位，根据用户需求的实际情况，节省或增加电力系统发电量，在不降低能源用户服务质量的前提下，节约社会总资源的总消耗[137]。

5.5.3.3 有序用电电能最大化保障机制

如何实现有序用电条件下电能最大化需要发电和供电企业共同努力、协同管理。发电企业在规划有序用电过程中，考虑了供电企业的供电总成本最小、购电费用最低等因素，因为供电企业是有序用电的执行者和具体操作者，它拥有电力系统专业技术人员，在系统运行、负荷管理方面拥有丰富的经验，供电企业以用户需求为基础，按照国家有关部门要求，为编制差异化的有序用电方案提供依据，发电企业在落实国家有序用电政策时，为了社会整体效应，发电企业应积极制定各种措施保障发电机组的稳定出力，按照国家有关部门和电网调度要求，加强电力设备运行维护、燃料储备、安全生产、定期检修等，要充分考虑自身能够提供的最大电能总量，并通过信息化手段和方法，准确得到负荷用户用电量，使节能调度管理达到能量最大化的目标，确保电网安全运行和供电秩序稳定。

5.6　海上风电并网节能调度管理策略

5.6.1　能量效益最大化

节能调度管理是兼顾了节能和减排的一种绿色发电调度管理模式，它的主要目标是合理调配区域内电力，做到区域内资源均衡，能量效益达到最大化。为了实现电力系统运行节能减排的目标，引入市场竞争机制，通过市场竞争方式实现资源优化配置，能够达到能量最大化和降低购电成本，从而推动节能发电调度的可持续发展。

5.6.1.1　市场机制加快节能

综合考虑电力系统运行能耗，科学促进电力企业节能减排，更好地适应降低能耗总量的目标。若不考虑网损和各发电机组自身损耗，在装机容量和并网容量相同的情况下，各发电机组发出的电力应该是一样的，但可再生能源与传统电力能源之间存在相互影响和相互制约的关系，为了保证节能环保，企业工作人员在实际调配各发电机组电力时，还是优先调配可再生能源，再按照各发电机组发电能耗依次进行调配，以实现能量的最优分配和使用。

以科学的价格机制为依托，制定合理的市场机制，电力企业通过对各种能源消耗成本的预期报价，能够有效地促使各主体的协调发展，实现电力市场竞争的结果与节能减排的目标内在统一。

5.6.1.2　市场机制促进减排

合理的市场机制能够促使电力企业加强自身管理、创新技术水平，降低各种能源排放。如果不考虑电力系统发电外部性因素，将环境成本视为一种资源，通过外部性成本、内部化机制设计，优化环境资源配置，实现促进减排的目标。国家通过建立了完善的环境监管体系、引入大气排放物的额度交易、提高排放税收额度等措施，使电力企业在其发电报价中考虑了环保成本和经济效益。合理的市场竞争机制能够通过政府在节能、环保上的导向，实现国家促进减排的目的。

5.6.2 增加发电机组的调峰容量

近年来，随着风电等可再生能源迅猛发展，对大规模风电并网给电力企业能够接纳风电的能力也提出了严峻的挑战，由于电网接纳风电的能力受多种因素的制约和影响，其中，以发电机组调峰容量、电网稳态潮流、暂态稳定电压、无功电压为主要因素。在大规模风电并网后，增加电力系统中发电机组的调峰容量，提高大电网接纳风电的能力是电力系统安全稳定运行的关键因素。

5.6.2.1 构建合理的电网结构

合理的电网结构能有效地提高发电机组的利用效率，电力企业在进行节能调度时，电网稳态潮流、暂态稳定电压的限制通过加强电网结构来解决，无功电压的限制通过增加无功补偿设备等手段解决，但发电机组的调峰能力在短期内无法通过电网结构或设备数量得到有效提高，电力企业也意识到调峰能力是阻碍风电利用率的制约因素之一，因此，企业开始重视电网结构的设计，进而提高发电机组的调峰容量。

5.6.2.2 提高发电机组的调节能力

电力系统发电机组的调节能力主要包括常规机组设备容量和旋转备用设备容量与发电机组调节电压和频率的能力表现。旋转备用设备容量在常规发电机组工作时，在出现突发情况或是负荷突然骤增的情况下，起到维持系统频率稳定的作用；同时对风电功率预测时出现的风速骤升、骤降或阵风时，稳定电压和频率的波动情况，提高风电的最大接入容量，可以提高发电机组电压与频率的调节能力。

5.6.2.3 优化发电机组的发电顺序

电力系统发电机组的调峰能力和电网电源结构、火电机组的最小出力有关，按照不同的电源结构来确定调峰能力，电力企业若采用风电发电，如果风电功率预测值高于风电接纳水平，系统需要适当增加可调节电源以提高电力系统的调峰能力；若采用火电机组发电，在正常用电量期间，调峰能力应按照发电机组实际调峰能力考虑，在用电高峰期，发电机组应按其最大容量进行调峰，在用电低谷时，应根据电力系统动态平衡原则，各发电机组的调峰能力应按照各常规发电机组和备用发电机组调峰容量进行安排，保持电力系统发电与用电的动态平衡。

5.6.3　提高风电消纳能力

从我国地域构成情况来看，沿海地区分布较为集中，有助于大型风电场集中建设和管理，但这对大电网能否有能力在技术层面更可能多地消纳风电提出了严峻的挑战，如何提高大电网的输电能力、调峰容量和消纳能力是风电并网面临的关键性问题。我国地域广茂，南北方温差较大，在寒冷的冬季，发电机组需要昼夜连续工作，由于系统调峰能力有限，使得发电机组在较高出力时，其调峰压力明显，导致大量风电无法本地消纳，造成一定程度的弃风。提高风电消纳能力，具体体现在以下几个方面。

5.6.3.1　建立效益分摊的长效机制

电力企业要发展、要壮大，就要建立效益分摊的长效机制，企业为了提高风电消纳能力，将风电与火电统筹考虑进行深度调峰。由于海上风电电价较高、火电电价相对较低，把火电当作为风电提供的辅助服务来考虑，这就需要给电力企业适当的经济补偿，这种利益分摊的方式能够鼓励电力企业进行风电消纳的积极性，从而推动电力企业长足发展。

5.6.3.2　动态调整发电机组设备容量

在电力系统实际运行中，根据风电自身的反调峰性和间歇性特征，分析大电网负荷曲线的峰谷特性和波动极值特性，保证电力系统中常规发电机组有充足的调峰容量，能够为系统提供调峰、调频和其他辅助设备服务。要提高电力系统储能设备的调节能力和接纳风电的能力，合理安排发电机组的发电顺序，促进系统进行本地消纳，减少弃风，降低成本，提高效益。

5.6.3.3　合理安排风力发电调度计划

电力企业根据节能调度管理模式的特点，采用不同的风电功率预测方法，制订推动风电发展的调度计划：当风电功率预测值高于该时段风电接纳水平时，系统需要增加可调节电源或启用备用设备来进一步增加系统调峰能力，合理安排风电调度计划；当风电功率预测值低于该时段风电接纳水平时，系统向下调峰压力较小，风电功率可以作为"负"的负荷加以考虑，使储能设备与风电运行相匹配，从而最大限度地配合电网消纳风电。

5.7 海上风电并网节能调度管理保障措施

5.7.1 落实政府节能政策

为了缓解国际能源紧张局面，落实国家节能减排战略，推动绿色节约环保，构建节约型社会，国家自 1997 年首次出台了《中华人民共和国节约能源法》（以下简称《能源法》），经 2007 年和 2016 年两次修订并实施。《能源法》的提出为政府制定详细的节能减排任务和目标构建了基本的法律基础。国务院办公厅在 2007 年发布了《节能发电调度办法（试行）》《节能发电调度办法实施细则》，对节能发电调度机组的调度原则、发电机组的调度顺序进行了指导性说明，随后又出台了《关于印发节能减排综合性工作方案的通知》，对优化能源构成结构、增加可再生能源利用、对可再生能源发电实施全额保障收购等提出明确要求。

5.7.1.1 合理利用新型节能发电调度模式

国家发改委与国家多部门明确提出我国能源发展战略，提倡把节约放在首位，实施节约与建设并举，调整我国现行的发电调度方式。作为电力企业，要加强从能源生产、建设到使用、消费各环节的用能管理，采取技术上可行、经济上合理、社会上认可的策略和措施，降低能耗、减少损失和污染物排放、遏制浪费，提倡有效、合理地利用能源的新型节能发电调度模式。

5.7.1.2 推进低能高耗产业的治理

为进一步落实国家节能减排发展战略，促进能源结构调整，减少环境污染，提高能源使用效率，逐步扩大政府节能政策实施范围，进一步推进煤炭的清洁高效利用和散煤治理工作，按照政府工作报告要求，电力企业应进行自我革命，全面整治"散乱污差"的中小企业及集群；因地制宜、多措并举，稳步推进"煤改气""煤改电"工作，优先使用新能源，努力提升人民群众的蓝天幸福感。

5.7.1.3　实现区域内资源动态调配

电力部门应遵循国家调度方式的重大变革，发挥可再生能源的作用，减少化石类燃料的使用，旨在建立一种以能耗和排放水平为基准的发电调度方式，实现区域内资源共享共用、动态调配，在充分发挥地方各级政府的作用、发挥电网和发电企业积极性的基础上，电力调度部门要制定具体的实施细则，明确对电网运行方式、安全边界条件的校核工作，确保电网企业、发电企业及电力用户能共同维护电力系统安全稳定运行。

目前，节能发电调度管理还有很多体制机制仍然不够完善，主要包括节能调度管理的补偿机制、节能环保电价的形成机制、节能调度与电力市场的结合、辅助服务补偿问题等。针对以上问题，政府也出台了一些解决方案：针对节能发电调度的特点，提出了对于一些有发电权但根据节能发电调度规则不能发电的中小企业，把各企业所有机组发电权转让出来，也就是各中小企业把所有发电量累加进行转让，政府通过寻求满足具有节能发电调度规则的企业，将转让权分配给新的电力企业，这种集散式发电调度管理模式向集中式发电调度管理模式改变的方式，可以促进中小企业根据自身情况，适当调整企业发展模式；另外，可通过政府补贴的方式对企业运营成本予以补偿，以增强企业建立节能意识。

5.7.2　优化电源结构

电力系统电网结构的合理性是电力行业发展的一个重要环节，其技术性能和经济效益是影响电力系统安全经济高效运行的关键，在日益能源紧缺的背景下，快速增长的用电需求和电源不断增长的情况下，合理的电源结构能够较好地解决能源资源和负荷在区域分布上的不均衡性和用电的不平衡性。

5.7.2.1　合理安排各类发电机组构成

我国电力系统的电源结构存在着小火电机组比例过高，这些机组消耗的资源和排放的污染物要远远高于大型高效的火电机组，造成环境污染；火电机组的装机容量比例过高、发电比例也过高，可再生能源机组的装机容量和发电比例都比较低。因此，要提高资源利用效率，减少能源消耗和污染物排放，建立分层分级式管理，关停小火电机组补偿发电量指标交易，适当增加可再生能源机组并网和装机容量，借助政府补偿机制，通过分层分级式管理能有效缓解电力企业所面临的电源结构矛盾，助推电力企业可持续发展。

5.7.2.2 调节多种能源发电比例

电力企业在实际安排发电能源时，要考虑能够满足供电需要的电压质量、外送容量和供电可靠性，在此基础上合理安排企业自身的电源结构，实现各类电源的互相补充，在优先使用风电新能源的基础上，适当调节水电、火电、核电等电源比例结构，合理的电网结构可以实现在区域电网间相互支援、相互补充，从而获得电网的最佳经济效益，给电力企业带来一定的经济利益。

5.7.2.3 建立分层分级电源管理

电力企业要合理优化各种电源结构，制定分层分级管理目标，统一调度电网运行中的各类电源，根据各类电源特征和负荷能力，采用适合有利于企业自身发展的电源组合运行方式，目的是以尽可能低的成本满足用户的需求，实现企业的可持续发展，这样企业才能适应国家电力产业结构改革，促进自身快速发展。

因此，为了治理环境污染、实现电力产业节能减排的一系列目标，我国政府提出了一系列节能减排措施和方法，来促进电力工业走清洁化发展之路。优化电源结构、转变经济增长方式、推进电力行业改革是推进我国经济快速发展的基础，优化电源结构能够实现发电调度的纯行政模式、计划调控与市场机制相结合模式到完全市场竞争模式三步走，电力企业要发展并获得经济利益，就要适应这种模式，并根据企业自身特点，调整优化产业结构和布局，实施节能发电调度是对我国现行发电调度政策的重大调整，有利于推进我国电力行业的改革步伐。

5.7.3 认购绿色电力证书

绿色电力证书又叫可再生能源证书，它是绿色电力的身份证，也是绿色电力的标签，是由国家可再生能源信息管理中心核发的，主要认购对象是风电或太阳能建设项目单位或企业，一般 1000 kW·h 风电或是太阳能发电在符合一定条件下，也就是风电建设项目或企业要在国家可再生能源电价附加资金补助目录里，方可认购一个绿色电力证书，企业有了绿色电力证书，就可以进行电力消费，并且认为企业销售的电力是"绿色"的。

5.7.3.1　消费绿色电力

风电项目建设单位或企业一旦拥有了绿色电力证书，就可以进行绿色电力消费，由于风电并网成本高，但碳排放少，近些年，国家为了加大推进风电的利用率，为风电企业提供高额补贴，但由于近些年风电并网规模不断扩大，使得风电企业不能及时得到政府补贴，风电企业的发展受到一定阻碍，若企业认购了绿色电力证书，就可用绿色电力消费，来补充风电并网的高成本。我国目前还是火电占比高，绿色电力占比低，导致环境污染、雾霾严重，因此，为了治理环境污染、减少雾霾，实现节能减排战略，应鼓励企业认购绿色电力证书，推广绿色电力消费，使我国变成清洁宜人之国。

5.7.3.2　参与电力现货市场建设

电力现货市场实际上是电力市场主体通过电力企业供应方和用电企业用电方，双方采取协商、定价、交易等方式对日前、日内、实时电量和对辅助服务进行即时交易，其建设目的是能够实时平衡电力市场的电量。

电力现货市场的建设是一个长期的过程，需要根据我国电力能源现状和用户需求，构建与之相适应的建设路径，使之能充分反映计划与市场经济共存的国情，电力企业应尽早参与到电力现货市场的建设中，从而使企业获得更多利润，具体表现在以下几个方面。

①从长远来看，电力现货市场可为电力企业供应方和用电企业用电方建立中长期合约关系，企业的收益就会有保障，企业可稳步推进自身的发展。

②从目前来看，现货交易市场可作为风电企业消纳风电的一个交易平台，可以实时协调电力电量的供给关系，在现货市场中可以刺激电力电价、完善交易电量种类、形成自由选择关系，为风电企业提供更多的选择和机会。

③若电力企业供应方已认购绿色电力证书，在电力企业供应方和用电企业用电方在电力现货市场就可以进行绿色电力的交易，更有利于推进电力企业供应方和用电企业用电方之间的合作与共赢。

5.8 本章小结

本章首先介绍了海上风电并网节能调度管理模式的原则及特点，根据节能调度管理模式的目标，梳理了节能调度管理流程；构建了带有多种约束条件的节能调度管理模型，在此基础上，充分考虑了企业运行的经济性，分析节能调度管理模式的影响因素和适用条件；最后阐述了节能调度管理机制，提出了节能调度管理策略和保障措施，对国家推进节能减排政策、强化节能减排意识、创造节能减排效益具有积极的推动作用。

第6章 实证研究

6.1 IEEE 118 海上风电并网系统选择

大型海上风电场运行实际情况较为复杂且受多重因素影响,数据获取成本高且非常困难。IEEE 118 海上风电并网系统是通过对公共信息进行系统分析,对多海域、多地区、多个实际海上风电场的数据进行统计、梳理、技术合成,整合了可变的和不确定的可再生能源资源,与实际海上风电场特征有很大的相似之处,如不同时段的风向风速风量变化、各类机组配置、负荷曲线的变化等,IEEE 118 海上风电并网系统包含了一些尚未包含在其他IEEE 并网系统中的信息,主要体现在以下几个方面。

①具有 3 个独立的区域、10 种电源输入功能及一个包括季节性变化的全年时间序列数据。

②能够模拟风电的各种发电约束条件,如负载平衡约束、机组输出功率约束、支路潮流约束、旋转备用约束、机组爬坡约束、联络线断面潮流约束、发电机组出力约束、风电功率计划值约束及风电功率预测偏差约束,最小发电等级,最小上升/下降时间,速率和燃料在不同负载水平的使用情况,启动和关闭成本等。

③在能源发电中,能够提供包括风能、太阳能和其他能源在内的多种发电能源,以及多区域用电负荷在内的、一年期时间同步的、提前一天的实时预测数据。

④具有以分钟为分辨率进行模拟的短期预测,包括单元承诺和实时承诺及调度决策,确保电力系统的稳定运行。

由于 IEEE 118 海上风电并网系统本身所具有的特性,该并网系统比IEEE 其他并网系统具有更高的数据分辨率和更详细的电力系统特性,在电力系统实证研究中被国内外专家学者广泛应用。为了更加接近海上风电的真实场景，这里选取 IEEE 118 海上风电并网系统进行实证研究，来验证本文所提出海上风电功率预测方法的有效性及所构建海上风电调度模型的准确性，为企业进行电力规划、电力市场运营利益方和决策者提供管理策略和政策参考。

6.2 IEEE 118 海上风电并网系统简介

1962 年，IEEE 118 海上风电并网系统初步建成，作为电力行业的标准测试用例，1993 年，Richard Christie 将其进行更新收录，并开始广泛被国内外专家学者使用。IEEE 118 海上风电并网系统含有 118 条总线、132 条支路、54 个单元、24 小时系统，风能工具包包括超过 12.6 万个陆上和海上风力发电站点的气象条件和各种类型发电机功率。在选择离岸地点时，主要选择准则包括风力资源和离岸距离至少 8 km 的离岸位置，它有 3 个数据集：气象数据集包括每个 2 km×2 km 网格单元的天气状况基本信息、风廓线、大气稳定性和太阳辐射数据等参数。功率数据集是利用 100 m 轮毂高度的风

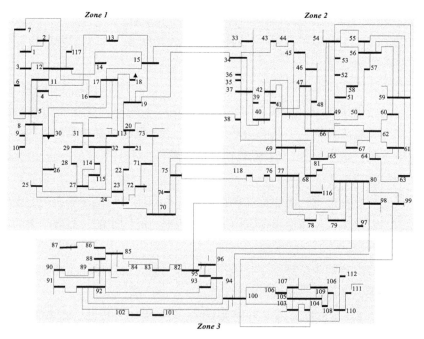

图 6-1   IEEE 118 海上风电并网系统的单元测试及网络数据连接

力数据和适当位置的涡轮功率曲线来估计每个涡轮位置产生的功率。预测数据集包括 1 h、4 h、6 h 和 24 h 的预测范围。为了验证所提出的海上风电功率预测方法的有效性及所构建海上风电调度模型的准确性，在该系统中选取 4 个季节，每个季节任选一天的数据，研究时段为次日 24 小时的短期预测，假定负荷用电量已知的情况下进行实证研究。其单元测试及网络数据连接如图 6-1 所示。

各发电机组经济参数及出力限值数据、常规机组参数及成本系数分别如表 6-1、6-2 所示。

表 6-1　各发电机组经济参数及出力限值数据

节点号	a	b	c	有功上限	有功下限	无功上限	无功下限
1	1250.0	100.0	0.0	0.300	0.050	0.450	−0.050
4	1250.0	100.0	0.0	0.300	0.050	3.000	−3.000
6	1250.0	100.0	0.0	0.300	0.050	0.500	−0.130
8	1250.0	100.0	0.0	0.300	0.300	3.000	−3.000
10	75.0	200.0	0.0	5.000	3.000	2.000	−1.470
12	500.0	300.0	0.0	1.000	0.500	1.200	−0.350
15	1250.0	100.0	0.0	0.300	0.100	0.300	−0.100
18	1250.0	100.0	0.0	0.300	0.050	0.500	−0.160
19	1250.0	100.0	0.0	0.300	0.050	0.340	−0.200
24	1250.0	100.0	0.0	0.300	0.050	3.000	−3.000
25	166.8	325.0	0.0	3.000	2.000	1.400	−0.470
26	166.8	325.0	0.0	3.500	2.000	10.000	−10.000
27	1250.0	100.0	0.0	−0.300	0.080	3.000	−3.000
31	1250.0	100.0	0.0	0.300	0.080	3.000	−3.000
32	1250.0	100.0	0.0	0.300	0.080	0.420	−0.200
34	1250.0	100.0	0.0	0.300	0.080	0.240	−0.240
36	1250.0	100.0	0.0	0.300	0.080	0.240	−0.080
40	1250.0	100.0	0.0	0.300	0.080	3.000	−3.000
42	1250.0	100.0	0.0	0.300	0.080	3.000	−3.000
46	1250.0	100.0	0.0	0.300	0.080	1.000	−1.000
49	166.8	325.0	0.0	2.500	1.500	2.100	−0.850
54	500.0	300.0	0.0	0.600	0.250	3.000	−3.000

节点号	a	b	c	有功上限	有功下限	无功上限	无功下限
55	1250.0	100.0	0.0	0.300	0.050	0.230	−0.080
56	1250.0	100.0	0.0	0.300	0.050	0.150	−0.150
59	350.0	175.0	0.0	2.000	1.000	1.800	−0.600
61	350.0	175.0	0.0	2.000	1.000	3.000	−1.000
62	1250.0	100.0	0.0	0.300	0.050	0.200	−0.200
65	166.8	325.0	0.0	4.200	3.000	2.000	−0.670
66	166.8	325.0	0.0	4.200	3.000	2.000	−1.670
69	500.0	300.0	0.0	3.000	0.800	10.000	−10.000
70	500.0	300.0	0.0	0.800	0.300	0.320	−0.100
72	1250.0	100.0	0.0	0.300	0.100	1.000	−1.000
73	1250.0	100.0	0.0	0.300	0.050	1.000	−1.000
74	1250.0	100.0	0.0	0.200	0.050	0.390	−0.060
76	1250.0	100.0	0.0	0.200	0.050	0.530	0.080
77	1250.0	100.0	0.0	5.000	0.050	0.700	−0.200
80	75.0	200.0	0.0	0.300	5.000	2.800	−1.650
85	1250.0	100.0	0.0	0.300	0.300	0.430	−0.080
87	1250.0	100.0	0.0	0.300	0.300	10.000	−1.000
89	75.0	200.0	0.0	6.500	6.500	3.000	−2.100
90	1250.0	100.0	0.0	0.200	0.200	3.000	−3.000
91	1250.0	100.0	0.0	0.200	0.200	1.000	−1.000
92	500.0	300.0	0.0	0.500	0.500	0.500	−0.300
99	1250.0	100.0	0.0	0.500	0.500	1.000	−1.000
100	166.8	325.0	0.0	3.000	3.000	1.550	−0.500
103	500.0	300.0	0.0	0.800	0.800	0.400	−0.150
104	1250.0	100.0	0.0	0.200	0.200	0.330	−0.080
105	1250.0	100.0	0.0	0.200	0.200	0.300	−0.300
107	1250.0	100.0	0.0	0.200	0.200	2.000	−2.000
110	1250.0	100.0	0.0	0.200	0.200	0.430	−0.080
111	500.0	300.0	0.0	0.500	0.250	10.000	−1.000
112	1250.0	100.0	0.0	0.200	0.080	10.000	−1.000
113	1250.0	100.0	0.0	0.200	0.080	2.000	−1.000
116	1250.0	100.0	0.0	0.200	0.080	10.000	−10.000

表6-2　常规机组参数及成本系数

单元	总线序号	单位成本系数 a/MBtu①	单位成本系数 b/(MBtu/MW)	单位成本系数 c/(MBtu/MW²)	最大功率/MW	最小功率/MW	最大风速/(m/s)	最小风速/(m/s)	初始化状态/h	最小开始/关闭时间/h	爬坡速率/(MW/h)	开始时间/h	燃料费用/($/MBtu)②
1	4	31.67	26.2438	0.069663	30	5	300	-300	1	1	15	40	1
2	6	31.67	26.2438	0.069663	30	5	50	-13	1	1	15	40	1
3	8	31.67	26.2438	0.069663	30	5	300	-300	1	1	15	40	1
4	10	6.78	12.8875	0.010875	300	150	200	-147	8	8	150	440	1
5	12	6.78	12.8875	0.010875	300	100	120	-35	8	8	150	110	1
6	15	31.67	26.2438	0.069663	30	10	30	-10	1	1	15	40	1
7	18	10.15	17.8200	0.012800	100	25	50	-16	5	5	50	50	1
8	19	31.67	26.2438	0.069663	30	5	24	-8	1	1	15	40	1
9	24	31.67	26.2438	0.069663	30	5	300	-300	1	1	15	40	1
10	25	6.78	12.8875	0.010875	300	100	140	-47	8	8	150	100	1
11	26	32.96	10.7600	0.003000	350	100	1000	-1000	8	8	175	100	1
12	27	31.67	26.2438	0.069663	30	8	300	-300	1	1	15	40	1
13	31	31.67	26.2438	0.069663	30	8	300	-300	1	1	15	40	1
14	32	10.15	17.8200	0.012800	100	25	42	-14	5	5	50	50	1
15	34	31.67	26.2438	0.069663	30	8	24	-8	1	1	15	40	1
16	36	10.15	17.8200	0.012800	100	25	24	-8	5	5	50	50	1
17	40	31.67	26.2438	0.069663	30	8	300	-300	1	1	15	40	1

①Btu 为英制热量单位,1 Btu=3.412 W。
②国际上多用 \$/MBtu 为燃料费用单位,本书为方便读者阅读沿用。

续表

单元	总线序号	单位成本系数 a/MBtu	b/(MBtu/MW)	c/(MBtu/MW²)	最大功率/MW	最小功率/MW	最大风速/(m/s)	最小风速/(m/s)	初始化状态/h	最小开始/关闭时间/h	爬坡速率/(MW/h)	开始时间/h	燃料费用/($/MBtu)
18	42	31.67	26.2438	0.069663	30	8	300	-300	1	1	15	40	1
19	46	10.15	17.8200	0.012800	100	25	100	-100	5	5	50	59	1
20	49	28	12.3299	0.002401	250	50	210	-85	8	8	125	100	1
21	54	28	12.3299	0.002401	250	50	300	-300	8	8	125	100	1
22	55	10.15	17.8200	0.012800	100	25	23	-8	5	5	50	50	1
23	56	10.15	17.8200	0.012800	100	25	15	-8	5	5	50	50	1
24	59	39	13.2900	0.004400	200	50	180	-60	10	8	100	100	1
25	61	39	13.2900	0.004400	200	50	300	-100	10	8	100	100	1
26	62	10.15	17.8200	0.012800	100	25	20	-20	5	5	50	50	1
27	65	64.16	8.3391	0.010590	420	100	200	-67	10	10	210	250	1
28	66	64.16	8.3391	0.010590	420	100	200	-67	10	10	210	250	1
29	69	6.78	12.8875	0.010875	300	80	99999	-99999	10	8	150	100	1
30	70	74.33	15.4708	0.045923	80	30	32	-10	4	4	40	45	1
31	72	31.67	26.2438	0.069663	30	10	100	-100	1	1	15	40	1
32	73	31.67	26.2438	0.069663	30	5	100	-100	1	1	15	40	1
33	74	17.95	37.6968	0.028302	20	5	9	-6	1	1	10	30	1
34	76	10.15	17.8200	0.012800	100	25	23	-8	5	5	50	50	1
35	77	10.15	17.8200	0.012800	100	25	70	-20	5	5	50	50	1
36	80	6.78	12.8875	0.010875	300	150	280	-165	10	8	150	440	1

续表

单元	总线序号	单位成本系数			最大功率/MW	最小功率/MW	最大风速/(m/s)	最小风速/(m/s)	初始化状态/h	最小开始关闭时间/h	爬坡速率/(MW/h)	开始时间/h	燃料费用/($/MBtu)
		a/MBtu	b/(MBtu/MW)	c/(MBtu/MW^2)									
37	82	10.15	17.8200	0.012800	100	25	9900	-9900	5	5	50	50	1
38	85	31.67	26.2438	0.069663	30	10	23	-8	1	1	15	40	1
39	87	32.96	10.7600	0.003000	300	100	1000	-100	10	8	150	440	1
40	89	6.78	12.8875	0.010875	200	50	300	-210	10	8	100	400	1
41	90	17.95	37.6968	0.028302	20	8	300	-300	1	1	10	30	1
42	91	58.81	22.9423	0.009774	50	20	100	-100	1	1	25	45	1
43	92	6.78	12.8875	0.010875	300	100	9	-3	8	8	150	100	1
44	99	6.78	12.8875	0.010875	300	100	100	-100	8	8	150	100	1
45	100	6.78	12.8875	0.010875	300	100	155	-50	8	8	150	110	1
46	103	17.95	37.6968	0.028302	20	8	40	-15	1	1	10	30	1
47	104	10.15	17.8200	0.012800	100	25	23	-8	5	5	50	50	1
48	105	10.15	17.8200	0.012800	100	25	23	-8	5	5	50	50	1
49	107	17.95	37.6968	0.028302	20	8	200	-200	1	1	10	30	1
50	110	58.81	22.9423	0.009774	50	25	23	-8	2	2	25	45	1
51	111	10.15	17.8200	0.012800	100	25	1000	-100	5	5	50	50	1
52	112	10.15	17.8200	0.012800	100	25	1000	-100	5	5	50	50	1
53	113	10.15	17.8200	0.012800	100	25	200	-100	5	5	50	50	1
54	116	58.81	22.9423	0.009774	50	25	1000	-1000	2	2	25	45	1

6.3　基于K-均值聚类法的海上风电并网功率预测

由第3章的分析可知，利用改进的K-近邻算法和K-均值聚类法进行海上风电功率预测，其预测误差都不超过20%，在国家允许的范围内。这两种方法各有优点，K-近邻算法的特点是预测速度快、能够快速跟踪突变信号的变化；K-均值聚类法的特点是在大数据集上收敛很慢，特别适合海上风电这种大型数据的分析。相比之下，K-均值聚类法的平均预测误差普遍小于改进的K-近邻算法，由于实际风电数据量复杂而庞大，且收敛速度较慢，特别适合利用K-均值聚类法进行分析，因此，本书采用K-均值聚类法对风电功率进行短期预测，得到的预测结果准确性高。在IEEE 118 海上风电并网系统中选择一年不同季节的4天数据进行分析，2月10日、5月10日、8月10日和11月10日，来进一步验证K-均值聚类法的准确性和有效性（图6-2）。

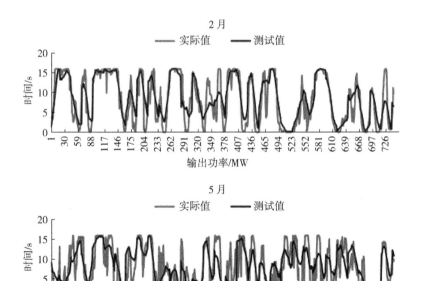

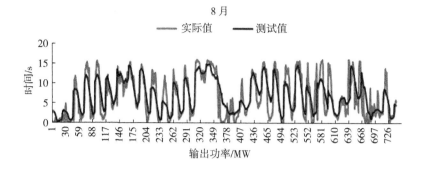

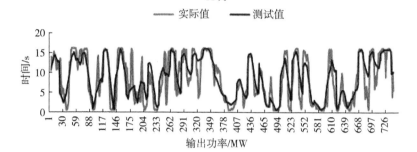

图 6-2　K-均值聚类法功率预测结果

根据图 6-2，计算标准平均绝对误差（NMAE）和均方根误差（NRMSE），所得误差结果如表 6-3 所示，可见实际风电功率的预测误差都在固定范围内，起到了很好的预测效果。

表 6-3　K-均值聚类法功率预测误差结果

K-均值聚类预测法	NMAE	NRMSE
2 月 10 日预测结果	13.78%	18.60%
5 月 10 日预测结果	18.02%	19.10%
8 月 10 日预测结果	13.78%	18.87%
11 月 10 日预测结果	14.48%	19.75%

依据风电功率预测的 NMAE 和 NRMSE 的结果，在进行风电调度时，发电计划中将风电功率预测值当作"负"负荷处理，也就是当作固定出力机组来处理，相比于将风电出力当作系统负荷预测误差，该方法可以减小风电对系统实时调度运行带来的影响。

6.4 海上风电并网经济调度管理模式

6.4.1 经济调度管理模式的适用条件验证

经济调度管理模式受多种因素的影响，一方面有来自于海域本身的各类条件，如风速、风向、气压、温度等；另一方面有来自调度本身运行的控制方式。IEEE 118 海上风电并网系统是对多海域、多地区、多个实际海上风电场的数据进行统计、梳理、技术合成，包括超过 12.6 万个陆上和海上风力发电站点的气象条件和各种类型发电机功率，能够满足以下适用条件。

①气象条件：主要选择风速、风向来研究对风电功率的影响。

②海域条件：选择沿海水深、风力资源和离岸距离至少 8 km 的离岸位置，我们在选择时设定沿海水深在 2~15 m 的范围，离岸位置较近的区域。

③电网条件：海上风电场已经建成，只要设置发电机的容量、数量，实现对各种发电电源进行站内联合控制。

6.4.2 IEEE 118 并网系统运行成本最小化

利用基于场景的分析，研究了与风力相关的输出不确定性，在研究中，选择风能数据包括 118 个风力发电场、45 个获取地点。在前期利用 K-均值聚类的方法，对风电功率进行短期预测的基础上，选择 2012 年中不同季节的 4 天进行分析，2 月 10 日、5 月 10 日、8 月 10 日和 11 月 10 日。根据式 (4-6) 得到经济调度模型总目标成本为

$$\min \sum_{i=1}^{NG} \Big[\sum_{h=1}^{H} F_{ci}(P_{i,h}, I_{i,h}) + \sum_{h=1}^{H} C_z(P_w) + \sum_{h=1}^{H} C_b(P_w) + \sum_{h=1}^{H} C_q(P_w) \Big]$$

$$= \min \sum_{i=1}^{54} \Big[\sum_{h=1}^{24} (a_i + b_i P_i + c_i P_i^2) + \sum_{h=1}^{24} k_z P_w + \sum_{h=1}^{24} k_b (P_w - w^{act}) + \sum_{h=1}^{24} k_q (w^{act} - P_w) \Big]$$

$$= \min \sum_{i=1}^{54} \Big\{ \sum_{h=1}^{24} [a_i + b_i P_i + c_i P_i^2 + k_z P_w + k_b (P_w - w^{act}) + k_q (w^{act} - P_w)] \Big\}$$

$$= \min \sum_{i=1}^{54} \Big\{ \sum_{h=1}^{24} [a_i + b_i P_i + c_i P_i^2 + (k_z + k_b - k_q) P_w - (k_b - k_q) w^{act}] \Big\}$$

将 IEEE 118 并网系统的参数代入式（4-7），得到电力系统负载平衡约束为

$$P_{D,\,h} = \sum_{i=1}^{NG} P_{i,\,h} \times I_{i,\,h} + \sum_{m=1}^{W} P_{f,\,m,\,h}$$

$$= \sum_{i=1}^{54} P_{i,\,24} \times I_{i,\,24} + \sum_{m=1}^{24} P_{f,\,m,\,24}$$

将 IEEE 118 并网系统的参数代入式（4-8），得到电力系统旋转备用约束为

$$\begin{cases} \sum_{i=1}^{NG} \left(P_{i,\,\max} - P_{i,\,h} \right) \times I_{i,\,h} \geqslant R_{\mathrm{up},\,h} \\ \sum_{i=1}^{NG} \left(P_{i,\,h} - P_{i,\,\min} \right) \times I_{i,\,h} \geqslant R_{\mathrm{down},\,h} \end{cases}$$

$$= \begin{cases} \sum_{i=1}^{54} \left(P_{i,\,\max} - P_{i,\,24} \right) \times I_{i,\,24} \geqslant R_{\mathrm{up},\,24} \\ \sum_{i=1}^{54} \left(P_{i,\,24} - P_{i,\,\min} \right) \times I_{i,\,24} \geqslant R_{\mathrm{down},\,24} \end{cases}$$

将 IEEE 118 并网系统的参数代入式（4-9），得到发电机组输出功率约束为

$$P_{i,\,\min} \times I_{i,\,24} \leqslant P_{i,\,24} \leqslant P_{i,\,\max} \times I_{i,\,24}$$

在考虑上述约束条件的经济调度运行各成本情况如表 6-4 至表 6-7 所示。

表 6-4　经济调度运行各成本情况（2012 年 2 月 10 日）

单位：100 万美元/MW

概率预测分布曲线	运行成本	备用成本	总目标成本
S_{10}	22 945 198	197 122	1 859 798 992 806
S_{20}	21 046 672	122 877	3 719 572 794 723
S_{30}	19 902 395	70 305	5 579 347 410 460
S_{40}	19 195 717	45 371	7 439 122 491 436
S_{50}	18 732 320	29 517	9 298 897 824 771
S_{60}	18 416 075	21 572	11 158 673 313 167
S_{70}	18 157 162	13 185	13 018 448 858 455
S_{80}	17 938 270	8433	14 878 224 447 397
S_{90}	17 755 818	4347	16 738 000 073 446

表 6-5　经济调度运行各成本情况（2012 年 5 月 10 日）

单位：100 万美元/MW

概率预测分布曲线	运行成本	备用成本	总目标成本
S_{10}	22 820 645	206 441	1 828 470 297 906
S_{20}	20 621 205	127 837	3 656 915 290 682
S_{30}	19 271 215	43 918	5 485 361 127 593
S_{40}	18 503 820	8105	7 313 807 595 206
S_{50}	17 975 685	5749	9 142 254 335 534
S_{60}	17 633 026	5263	10 970 701 263 210
S_{70}	17 381 249	4142	12 799 148 281 132
S_{80}	17 188 244	2393	14 627 595 357 198
S_{90}	17 030 075	386	16 456 042 467 842

表 6-6　经济调度运行各成本情况（2012 年 8 月 10 日）

单位：100 万美元/MW

概率预测分布曲线	运行成本	备用成本	总目标成本
S_{10}	22 947 433	207 220	1 837 497 723 243
S_{20}	21 191 147	132 777	3 674 970 461 103
S_{30}	20 054 038	86 672	5 512 443 846 478
S_{40}	19 285 295	47 938	7 349 917 607 590
S_{50}	18 743 456	21 059	9 187 391 607 462
S_{60}	18 339 774	3959	11 024 865 755 270
S_{70}	18 031 059	268	12 862 340 011 453
S_{80}	17 786 826	0	14 699 814 335 542
S_{90}	17 594 478	0	16 537 288 711 784

表 6-7　经济调度运行各成本情况（2012 年 11 月 10 日）

单位：100 万美元/MW

概率预测分布曲线	运行成本	备用成本	总目标成本
S_{10}	22 799 487	223 250	1 648 628 075 326
S_{20}	20 501 122	180 411	3 297 230 786 711
S_{30}	19 121 387	87 290	4 945 834 366 444
S_{40}	18 277 417	26 610	6 594 438 514 383

概率预测分布曲线	运行成本	备用成本	总目标成本
S_{50}	17 705 958	1858	8 243 042 970 762
S_{60}	17 308 945	0	9 891 647 624 479
S_{70}	17 068 267	0	11 540 252 436 391
S_{80}	16 905 348	0	13 188 857 326 061
S_{90}	16 772 571	0	14 837 462 245 872

根据一年不同季节的 4 天经济调度运行各成本结果来看，随着预测输出功率的增加，其概率密度函数的置信区间也随之增加，相应发出的总电量增多，总目标成本也随之增加。因此，经济调度管理模式运行下，电力企业要想使电力系统运行的总目标成本最低，一方面，要优先使用风电的供电方式，根据不同区域和地区的电力需求合理规划发电资源配置，提升发电设备可靠性，提高风电接收量，实现风电消纳最大化；另一方面，根据风电功率实际预测值适当减小置信区间，减少弃风，制定动态调整入网电价，使企业发电成本低于售卖电量所得收入，降低企业总运营成本，从而使企业获利。

6.4.3　IEEE 118 并网系统辅助成本分析

从本书第 4 章的分析可知，为实现大规模风电并网经济调度管理模式，为发电企业获得更多利润，就要采取一系列助推风电发电量增加的策略和保障措施，除了使系统运行成本最小化，还要考虑一些辅助成本，如网络连接、风电规模、系统稳定性等，进一步提高系统的准确性和可信度，同时抑制风电出力反调峰和宽幅波动，防止风电功率的可信度过低，反调峰或宽幅波动过大，威胁大规模风电并网安全稳定运行。

选用 IEEE 118 总线系统对电力系统一些辅助成本进行分析，选择风能数据包括 118 个风力发电场、45 个获取地点，选择 2012 年 2 月 10 日、5 月 10 日、8 月 10 日和 11 月 10 日不同季节的 4 天的数据，主要对风电运行过程中的能量消耗成本（f_{nlxh}）、风电并网运行条件建设成本（f_{tjjs}）、风电备用容量补偿成本（f_{byrl}），以及在风电运行过程中产生的连接损耗成本（f_{ljsh}）进行分析，通过系统进行归一化处理后的不同季节各类主要成本构成如图 6-3 所示。

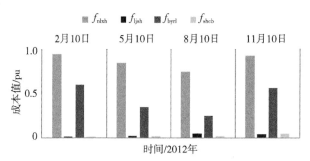

图 6-3　风电并网运行不同季节各类主要成本构成

由图 6-3 可以看出，风电场在实际运行过程中，其能量消耗成本（ f_{nlxh} ）和风电备用容量补偿成本（ f_{byrl} ）在风电并网运行的辅助成本中占主要影响因素，而风电并网运行条件建设成本（ f_{tjjs} ）和风电运行过程中产生的连接损耗成本（ f_{ljsh} ）在风电并网运行的辅助成本中占比相对较少，基本可以忽略不计。从一年内不同季节来看，在相对寒冷的季节里，能量消耗成本（ f_{nlxh} ）和风电备用容量补偿成本（ f_{byrl} ）比其他季节要高，这说明电力系统在实际发电过程中，温度也是影响发电的重要因素，因此，在电力系统实际运行中，电力系统工作人员要对电力系统负荷分布情况和需求动态变化情况进行分析和预测，在经济调度管理模式建模过程中，制定各发电机组电量、电网及备用设备的调度预案时，合理安排风电与其他电源的统筹协调，主要考虑能量消耗成本（ f_{nlxh} ）和风电备用容量补偿成本（ f_{byrl} ），以满足电力系统用电需求，为用户提供安全、高效、可靠的电力质量。

6.4.4　IEEE 118 并网系统风电功率预测水平

选用 IEEE 118 总线系统测试风电功率预测水平，进一步评估风电接纳能力。在 IEEE 118 系统中选取数据包包含 186 条线路、91 个负荷端，在 5 个节点上进行风电场接入。根据短期风电功率预测选取一天 24 小时 96 个点进行预测，根据预测模型设置风电场置信区间，从而计算出风电出力波动区间，在各时段风电有功功率预测值基础上，提高风电接纳能力，进一步优化风电发电构成，提高有效性。风电场有功功率与风电接纳能力的评估结果如图 6-4 所示。

经济调度管理模式下，在考虑系统平衡约束、机组运行约束和电网安全约束对风电接纳能力影响作用下，通过对风电场有功功率曲线的预测，分析

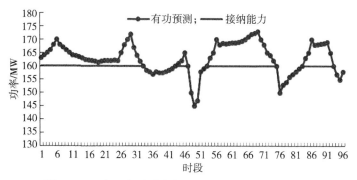

图 6-4 风电场有功功率与风电接纳能力的评估结果

网络安全约束与调峰限制对评估结果的影响，经过优化后，得到风电有功功率预测水平与风电接纳能力的关系。从优化结果可以看出，为了兼顾企业成本利益和风电场整体发电容量，电力系统管理人员会根据实际负荷变化范围，合理安排各发电机组和备用机组的构成比例，提高风电开发和使用效益，当系统输出的有功功率高于风电最大接纳能力时，政府通过采取优惠政策和额外补贴政策，确保供需双方利益的平衡；同时要建立风电监管和评价反馈机制，将风电市场建设情况、风电资源利用情况和电能质量作为开发风电场建设的重要条件，使供需双方有压力有监管、有动力有利益，做好风电和其他电源间的平衡，为进一步促进风电可持续发展提供全方位的政策支持和制度保障。

6.5 海上风电并网节能调度管理模式

6.5.1 节能调度管理模式的适用条件验证

节能调度管理模式主要受海域条件、区域环境和负载对电网需求的影响，在 IEEE 118 海上风电并网系统中的风能工具包含了多海域、多地区 12.6 万个陆上和海上风力发电站的海域条件和气象条件、各种类型发电机参数，能够满足节能调度管理模式多种电源联合供电的条件；另外，由于 IEEE 118 并网系统具有风电和火电等各种能源，调度前可以按照负载需求调节风电和火电的比例，实现对风电进行全额接纳或是限制弃风，设置容量可调的发电机组供电，综合考虑电能质量和风电利用率，可验证不同能源构成下的节能调度。

6.5.2　IEEE 118 并网系统能量效益最大化

选用 IEEE 118 总线系统来验证我们构建的节能调度管理模型，对实际的每小时风电进行分析，为了反映季节性变化对风能的影响，选择 2012 年中不同季节的 4 天进行分析，分别选择 2 月 10 日、5 月 10 日、8 月 10 日和 11 月 10 日。S_{10} 到 S_{90} 的每一个置信区间中，为了更加清晰地看出风电的变化情况，这里在每小时的风力资源变化情况通过一个比例因子来调节，这里的风电功率概率密度区间水平是指总的可用风能与总能量需求的比例。

首先，在 IEEE 118 总线系统选择的 2012 年 2 月 10 日数据通过节能调度管理模型来验证，S_{10} 到 S_{90} 每一个置信区间内，风能与各能源的变化情况如图 6-5 所示。

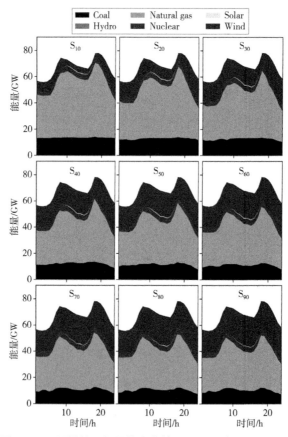

图 6-5　不同置信区间风能变化情况（2012 年 2 月 10 日）

其次，在 IEEE 118 总线系统选择的 2012 年 5 月 10 日数据通过节能调度管理模型来验证，S_{10} 到 S_{90} 每一个置信区间内，风能与各能源的变化情况如图 6-6 所示。

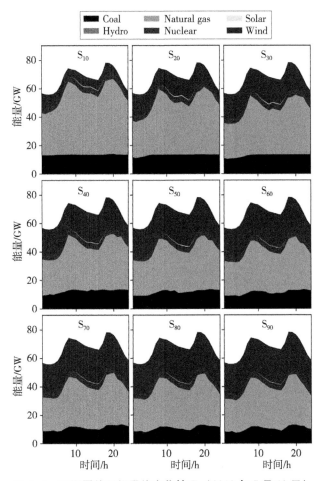

图 6-6　不同置信区间风能变化情况（2012 年 5 月 10 日）

再次，在 IEEE 118 总线系统选择的 2012 年 8 月 10 日数据通过节能调度管理模型来验证，S_{10} 到 S_{90} 每一个置信区间内，风能与各能源的变化情况如图 6-7 所示。

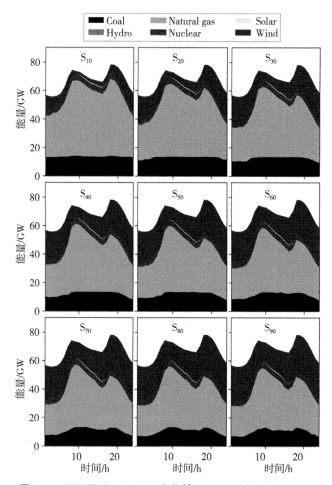

图 6-7 不同置信区间风能变化情况（2012 年 8 月 10 日）

最后，在 IEEE 118 总线系统选择的 2012 年 11 月 10 日数据通过节能调度管理模型来验证，S_{10} 到 S_{90} 每一个置信区间内，风能与各能源的变化情况如图 6-8 所示。

由图 6-5 至图 6-8 可以看出，化石燃料类发电机组发电量基本恒定，从一年中不同季节的风能变化情况来看，冬季比夏季的可用风电有所增加；对于不同的置信区间，通过观察风能的变化可知，概率密度函数置信区间越大，风电输出功率就越多，可用风电也随之增加，发出的总电量也增多。

因此，在实际电力系统运行中，企业为了提高风电的利用率，使能量达最大化，应建立分层分级分类的调度管理，合理安排不同区域不同类别的电

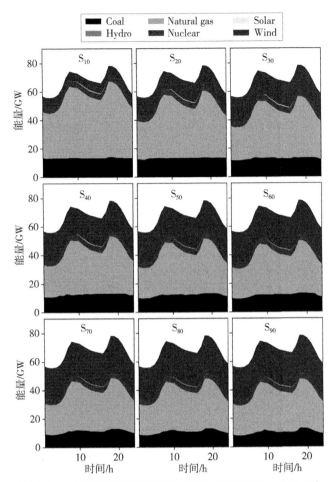

图 6-8 不同置信区间风能变化情况（2012 年 11 月 10 日）

源结构，根据调度规划和负荷需求，一般采用多种发电电源共同发电的模式，以降低能耗、减少污染物排放水平为目标，动态调配资源层的各类资源，适当增加置信区间范围，增加可用风电资源的比例，从而实现更加优化的节能调度管理。

6.5.3 IEEE 118 并网系统调峰容量分析

在影响电网接纳风电能力的诸多因素中，调峰能力的大小直接关系到电力系统运行的经济成本，与风电功率预测的准确性、系统负荷特性、电源的构成比例等都有直接关系，是影响电网安全经济运行和制约电网接纳风电能力的主要因素。调峰能力主要受系统运行机组容量和备用机组容量、不同类别的机组容量及调节能力、负荷峰谷差、输电线路的功率调节能力等因素的影响，提高电网的调峰能力，满足用电负荷峰谷差的要求，对电力系统安全稳定运行具有重要意义。

在 IEEE 118 系统中选取数据包包含 186 条线路、91 个负荷端，在 5 个节点上进行风电场接入，选取一天 24 小时 96 个点测试系统的负荷曲线如图 6-9 所示，通过优化得调峰因素对风电场风电接纳能力的影响如图 6-10 所示。

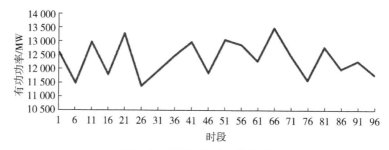

图 6-9 测试系统的负荷曲线

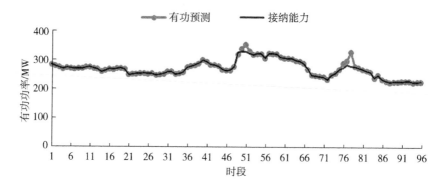

图 6-10 调峰因素对风电场接纳能力的影响

由图 6-9 和图 6-10 可以看出，在部分时段，负荷峰谷差较大，这对系统的调峰能力提出了更高的要求，在综合考虑常规能源调度和电网安全调度的前提下，获得电网在运行条件下所能接纳风电能力的极限，用于电力企业短期发电调度，为制定运行计划提供参考。通过系统优化后，在部分时段，受系统调峰作用的影响，若风电功率预测值高于该时段风电接纳水平时，系统需要适当增加可调节电源或启用备用设备以增加系统调峰能力，缓解风电出力受限；而在其余时段，若风电功率预测值低于该时段风电接纳水平时，系统向下调峰压力较小，风电功率可以作为"负"的负荷，使储能设备与风电运行相匹配，这时电网可以按照风电功率预测发出电力，电力企业按照风电场实际风电出力和风电场接纳能力进行设备规划和调配，可进一步提高风电场接纳能力，减少运行总成本，从而使企业收益。

6.5.4　IEEE 118 并网系统风电消纳能力

从理论上讲，风电具有不使用燃料、运行成本低、具有可再生能力、电能生产过程中不产生污染等特性，由于这些优良特性，在电力系统调度管理过程中，应当尽可能用风电这种新能源发电，减少化石燃料发电，由此我国为了鼓励新能源产业发展，提出"全额接纳"的调度原则，即风电能发多少电，就接纳多少电进入电网，这虽然减少了化石类电源的发电量，节约了化石类能源，但考验了电网的风电消纳能力。从市场导向方面来讲，当电网中接纳的风电达到一定规模后，再接纳风电需对常规发电机组进行大幅调整，进而造成发电成本上升，这需要合理协调常规机组与风电之间配合的经济性问题，而不是无限制的完全配合，由于电网的调峰能力和最小开机出力约束了并网风电的规模，为确保风电场与火电机组在经济性最优的情况下，最大限度地提高风电场的风电消纳能力，就要从全社会角度出发，实现效益最大化和节能减排及可持续发展的目标。

在 IEEE 118 系统中选取数据包包含 186 条线路、91 个负荷端，在 5 个节点上进行风电场接入，选取两个装机容量分别为 50 MW 和 150 MW 的风电场，其风电场运行成本与风电消纳能力的关系如图 6-11 所示。

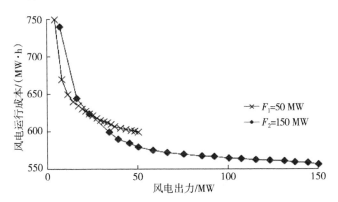

图 6-11　风电场运行成本与风电消纳能力的关系

由图 6-11 可以看出，在风电场出力较大时其成本较低，并且获得了与风电场运行成本相一致的变化趋势，说明了在节能调度管理模式下，构建的风火电运行体系，在一定程度上反映了风电电能运行成本的本质属性，风电场装机容量越大其成本下降越快，也就是说，电力企业在规划建设风电场时，单个风电场装机容量不宜过小，要充分考虑风电场风电运行成本与风电消纳能力间的制约关系，有利于企业合理安排发电机组，以较少的发电成本获得最大的风电量。

6.5.5　IEEE 118 并网系统负载功率分析

由于海上风电具有间歇性和随机性，功率预测存在一定偏差，为了减少预测误差，在进行实时发电计划调度时，需要减少功率偏差，优化发电计划，协调机组间日前发电计划与短期系统负荷预测之间的功率偏差，以日前发电计划偏差成本最小为目标进行发电计划的编制，从而进行优化调度。

为了验证负载功率对实时发电计划的影响，在 IEEE 118 系统中选取 3 组容量分别为 180 MW、300 MW 和 600 MW 的发电机组，每 15 分钟为一时段，选取 96 个点进行短期预测，风电功率最大值为 4.17×10^4 MW，最小值为 3.85×10^4 MW，在忽略风电并网运行条件建设成本和风电运行过程中产生的连接损耗成本的影响下，机组发电成本比为 $1.000 : 0.875 : 0.750$，通过系统计算，得到日前发电计划曲线与实时发电计划曲线如图 6-12、图 6-13 和图 6-14 所示。

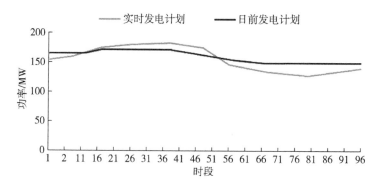

图 6-12　日前发电计划曲线与实时发电计划曲线的关系（机组 A：180 MW）

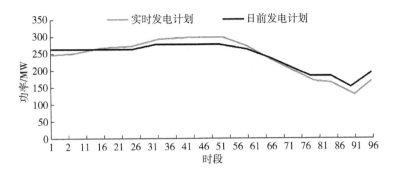

图 6-13　日前发电计划曲线与实时发电计划曲线的关系（机组 B：300 MW）

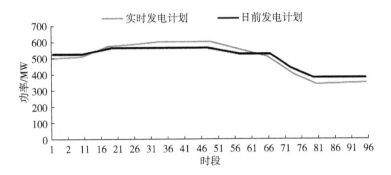

图 6-14　日前发电计划曲线与实时发电计划曲线的关系（机组 C：600 MW）

由图 6-12 至图 6-14 可以看出，当实时发电计划曲线与日前发电计划在某时段上会产生较大功率偏差，这时系统需要随时调整参与调度的机组出力，来弥补系统功率在某时段出现较大的正负偏差。通过式（5-6）计算出 3 组发电机组的风电功率偏差，以容量为 180 MW 的发电机组作为基准值，计算 3 台发电机组风电功率偏差的有名值和标幺值，其计算结果如表 6-8 所示。

表 6-8　3 台发电机组风电功率偏差的有名值和标幺值

机组名称	容量/（MW）		正偏差电量/（MW·h）		负偏差电量/（MW·h）	
	有名值	标幺值	有名值	标幺值	有名值	标幺值
机组 A	180	1.00	36.63	1.00	−69.78	1.00
机组 B	300	1.67	66.22	1.81	−101.76	1.46
机组 C	600	3.33	145.15	3.96	−174.45	2.50

一般情况下，对于调整系统正偏差需要优先增加成本低、容量大的高效

率机组出力；对于调整系统负偏差需要机组降低出力，则优先使用成本高、容量小的机组出力。由表 6-8 可以看出，3 台发电机组容量之比为 1.00 : 1.67 : 3.33，但由于机组发电成本不同，3 台发电机组对于系统正偏差的分配之比为 1.00 : 1.81 : 3.96，在调节系统偏差分配时，机组 C 承担的正偏差比例大于其容量比例，表明系统功率正偏差优先由机组 C 出力；3 台发电机组对于系统负偏差的分配之比为 1.00 : 1.46 : 2.50，机组 C 承担的负偏差比例小于其容量比例，表明系统功率负偏差优先由机组 A 出力。

发电企业在确定机组优先发电的过程中，首先要确定企业自身发展定位，按照国家重点支持的大容量、低能耗、高效率发电机组的发电企业作为发展目标，在考虑系统运行总成本和总能耗的基础上，按照系统负载所需的功率，动态调整发电机组出力；按照用户需求，提升机组间的协调管理，在政府主导、用户使用、供电发电等多方面配合下，实施有序供电用电管理，进一步落实国家节能减排重大战略工程。

6.6 实证结果分析

6.6.1 海上风电并网功率预测实证结果分析

根据本书 6.3 节的实证分析可知，利用第 3 章构建的 K-均值聚类模型对海上风电功率进行预测，由图 6-2 的预测结果可知，基于 K-均值聚类的风电功率预测曲线基本能够跟踪实际风电曲线的变化，但在风电功率骤变的突变点上，预测曲线会出现跟踪延迟现象，这主要是由于 K-均值聚类法本身在大数据集上收敛比较慢，但总体跟踪结果令人满意，充分验证了该预测方法适合海上风电这种大型数据的分析。

通过表 6-3 预测误差计算结果可以看出，选择一年中不同季节的 4 天数据进行分析，利用 K-均值聚类法对海上风电功率的预测误差进行计算，根据计算结果，其平均预测误差均低于 20%，预测误差在国家允许的范围内，误差结果可以作为海上风电并网调度管理的数据参考依据。

虽然两种方法无论从仿真结果还是计算数据来看都相一致，也进一步验证了提出的 K-均值聚类法对海上风电功率预测的准确性和有效性。但由于一年中每个季节只选择了 1 天数据，即 2 月 10 日、5 月 10 日、8 月 10 日和

11 月 10 日来代表一年进行实证验证，虽预测结果可以作为调度管理参考依据，但也存在一定的局限性，未来可以增大实证数据集的选择范围，使之能更准确地描述海上风电这种大型复杂数据，应该可以得到更好的预测结果；另外，根据第 3 章关于两种预测方法的特点分析可得，K-近邻算法具有预测速度快、能够快速跟踪突变信号变化的特点；K-均值聚类法具有在大数据集上收敛慢的特点，特别适合海上风电这种大型数据分析，未来可以考虑将两种预测方法结合起来，对海上风电这种大型复杂而庞大的数据集进行分段分时分特点预测，应该可以得到很好的预测结果。

6.6.2　海上风电并网经济调度管理模式实证结果分析

根据 6.4 节的实证分析可知，电力企业在进行海上风电并网经济调度管理模式时，首先考虑电力系统运行成本最小化及为实现电力系统运行成本最小化采取的系列措施，由于实际海上风电具有复杂而不确定特性，在分析过程中，其成本的影响因素较多，本书在进行实证研究分析时，根据第 4 章构建的成本最小化模型，虽考虑了影响海上风电并网经济调度管理模式的主要因素及其约束条件，但对于其辅助成本，主要考虑了在风电运行过程中的能量消耗、风电并网运行条件建设成本、风电备用容量补偿成本及在风电运行过程中产生的连接损耗成本。根据图 6-3 可知海上风电在实际运行过程中，其能量消耗成本和备用容量补偿成本在风电并网运行的辅助成本中是主要影响因素，风电并网运行条件建设成本和风电运行过程中产生的连接损耗成本在风电并网运行的辅助成本中所占比例相对较少，这里采用的处理方法是忽略不计，因而忽略了系统存在的一些运行成本。未来在进行经济调度管理时，要增加对辅助成本因素的考虑，提高预测精度，实现精准经济调度。

通过图 6-4 风电场有功功率与风电接纳能力的评估结果可知，风电有功功率预测水平与风电接纳能力有一定关系，风电接纳能力有限，在风电最大接纳范围内，电力系统可实现全额接纳；在超过风电最大接纳能力时，电力系统只有采取弃风，这对于电力企业来说无疑是一种资源的浪费，未来企业在进行经济调度管理时，在兼顾总资源成本和风电场整体规模的基础上，建立跨区域风电输送体系，当电力系统输出的有功功率高于风电最大接纳能力时，可将区域内风电资源进行再利用，政府对此也要进行鼓励，并给予企业一定额外的补贴，鼓励企业进行区域内资源重新规划再利用，进一步提高风电资源的开发和使用效益。

6.6.3 海上风电并网节能调度管理模式实证结果分析

根据 6.5 节的实证分析可知，电力企业进行海上风电并网节能调度管理模式时，在考虑风电资源能量的同时也应考虑电力系统运行的成本问题，由于海上风电场电网的复杂多样性，本书在进行实证研究分析时，根据第 5 章构建的节能调度目标函数，在充分考虑各类发电机组的功率预测值、电源罚函数和电压偏差等因素的基础上，加入了发电机组出力、负载平衡和风电功率计划值等约束条件，实证结果取得了很好的效果。但由于海上风电节能调度管理模式一般采用多种电源共同发电，这种发电模式对调度顺序要求严格，要考虑污染物排放水平、机组能耗和设备启停能耗等多种因素，企业为了使能量达最大化，未来应对现有电网机组构成进行统筹规划，建立不同机组间的协同工作机制，根据负荷用户需求对区域内不同类别的电源结构进行分目标管理，以降低能耗、减少污染物排放水平为目标，从而增加可用风电资源的比例，优化节能调度管理。

通过图 6-10 调峰因素对风电场接纳能力的关系曲线可以看出，受系统调峰作用的影响，系统需要适当增加可调节电源或启用备用设备以提高系统调峰能力，缓解风电出力受限；或是将风电功率作为"负"的负荷，此时风电接纳基本能够跟踪有功功率的预测值，当电网中接纳的风电达到阈值时，再接纳风电就需要对常规发电机组进行大幅调整，此时发电成本上升，这需要考虑常规机组与风电之间的经济性问题，而不是无条件的完全配合，为避免这种情况的出现，要充分考虑电力系统的调峰能力和最小开机出力约束，构建电力系统调峰模型，通过计算可以得到电力系统调峰容量，综合考虑风电场接纳能力和电力系统调峰能力，便可准确调度风电场中各发电机组，使企业既节约了成本又实现效益最大化和节能减排的目标。

通过图 6-12 至图 6-14 中 3 台发电机组日前发电计划曲线与实时发电计划曲线之间的关系曲线可以看出，在一般情况下，实时发电计划曲线能够很好地跟踪日前发电计划，但在某些时段上会产生比较大的功率偏差，这时系统需要随时调整参与调度的机组出力，来弥补系统功率在某时段出现较大的正负偏差，使实时发电计划曲线能够很好地跟踪日前发电计划曲线。但实际上，调整系统正负偏差是以增加系统成本或是减少输出能量为代价的，因此，准确计算系统正负偏差对电力系统稳定运行至关重要，在未来进行节能调度管理中，除了根据风电功率预测误差值给调度留出裕度外，也可将系统正负偏差类似考虑，这样更有助于提高电力系统的可靠性。

6.7　本章小结

本章首先介绍了 IEEE 118 总线系统的功能和各发电机组数据，通过 IEEE 118 总线系统模拟实际风电场，选取一年中不同季节的 4 天进行短期预测，验证了 K-均值聚类风电功率预测方法的有效性；其次，基于多个风电场进行多点测试，验证了不同置信区间的风电功率输出特点与前两章构建的模型结果相吻合，说明所构建模型的正确性；最后，对经济调度管理模式和节能调度管理模式下，企业的调度管理策略导向和保障措施进行分析验证，确保企业以较少的发电成本获得最大的风电量，使企业能够获得更多利润。

第7章 结 论

近年来，随着风电的快速发展，大规模风电并网给电力系统安全稳定经济运行带来了更多挑战，如何科学有效地进行风能的调度规划对于电力系统安全稳定运行至关重要。本书首先对海上风电管理、风电并网管理、风电调度管理模式的国内外研究现状进行了分析，针对调度管理存在的主要问题，提出了电力系统并网方式；此次，在结合海上风电并网调度管理关系网络的基础上，对调度管理模式必要性进行了分析，根据短期风电功率的预测结果，对经济调度和节能调度管理流程、模型构建、适用条件进行系统深入研究，为电力企业优化运营提出了管理机制、管理策略和保障措施；最后，以IEEE 118 海上风电并网系统作为实证研究对象，对本书提出的风电功率预测方法、经济调度管理模式和节能调度管理模式进行验证。

基于海上风电并网调度管理模式研究的主要创新性研究成果如下。

①在分析海上风电并网调度管理特征的基础上，基于离散混合 Petri 网理论，给出了海上风电并网调度管理流程，建立了海上风电并网调度管理关系网络，揭示了海上风电并网调度关系机制，设计了调度管理模式总体框架。

②结合风电场效率分布图和短期预测物理量选择，分析了风速与风电功率、风向与风电功率的相关性，对 K-近邻算法进行了改进，构建了基于改进 K-近邻算法的海上风电功率预测模型；结合风电功率日相似性和海量风电数据特征，利用 K-均值聚类法设计了风电基于天气预报数据聚类的预测模型结构，构建了基于 K-均值聚类法的海上风电功率预测模型。基于海上风电场实测数据对提出的两种预测方法进行仿真验证，结果表明，K-近邻算法主要用于突变信号的跟踪，跟踪效果比较好，处理速度比较快；K-均值聚类法主要用于处理复杂而庞大的数据量，大数据集上收敛较慢，但从预测误差看，在进行海上风电功率数据预测时，K-均值聚类法的预测平均误差要小于 K-近邻算法，从而确定了海上风电功率最佳预测方法。

③依据海上风电并网经济性要求，运用分类理论结合经济调度管理目

标，设计了经济调度管理流程，构建了具有多种约束条件的经济调度模型，为进一步提高电力企业运营效益提供了有力支撑。在构建经济调度模型时，基于成本最小化理论，在考虑负载平衡约束的同时，增加了旋转备用约束；在考虑机组输出功率约束的同时，增加了机组爬坡约束；在考虑电网支路潮流约束的同时，增加了电网联络线断面约束。

④依据海上风电并网节能环保要求，确定了节能调度管理模式的基本原则，结合最优化理论和节能调度管理目标，设计了节能调度管理流程，构建了多种约束的节能调度模型。在构建节能调度模型时，基于能量最大化理论，考虑了含有系统负载平衡、机组出力上下限、机组爬坡率、风电功率计划值、风电功率预测偏差和备用容量等多种约束条件，充分考虑了价格因素对节能调度管理的影响，采用排放价格因子的方法对调度模型目标函数进行了调整。结合发电设备能耗总量和污染物排放水平，按照区域内优化、区域间协调的方式，建立了节能调度管理机制，为确保发电企业发电量最大化提出了管理方案和政策保障。

随着风电技术日趋成熟，运行成本不断下降，发展风电已成为我国推进能源转型的核心内容和应对全球气候变化的重要途径，这对科学有效地调度风电已经提出了更高的要求，关于海上风电调度管理问题的研究还有待进一步提升，如风电功率预测技术、多种能源协调发电计划、节能调度的补偿机制等，都是未来研究的重要方向。

参考文献

［1］ 王雨凝. 新能源大规模集中并网规划方法研究 ［D］. 北京：华北电力大学，2014.

［2］ 发展海上风电的优势与前景 ［EB/OL］. ［2016-12-7］. http://www. cec. org. cn/xinwenpingxi/2014-08-28/126900. html.

［3］ 宋联庆，何进武，闫广新，等. 并网风电场穿透功率极限确定方法探讨 ［J］. 可再生能源，2009，27（3）：36-39.

［4］ 国家电网公司发布《国家电网公司促进新能源发展白皮书（2016）》 ［EB/OL］. ［2016-12-7］. http://www. xinhuanet. com//energy/201603/11/c_1118307562. html.

［5］ 王志新. 海上风力发电技术 ［M］. 北京：机械工业出版社，2013.

［6］ 孟珣. 基于动力特征的海上风力发电支撑结构优化技术研究 ［D］. 青岛：中国海洋大学，2010.

［7］ 申凤景. 我国海上风电发展前景广阔 ［N］. 中国石油报，2017-06-15（4）.

［8］ DARIA M, MAXIM K, ANDERS R. Dynamic power coordination for load reduction in dispatchable wind power plants ［C］//. European Control Conference（ECC），2013：3554-3559.

［9］ 刘宏伟. 基于低碳治理视角的莱州市风电产业发展研究 ［D］. 济南：山东大学，2018.

［10］ DAVOOD B, HERTEM D, LARS N. Study of centralized and distributed coordination of power injection in multi-TSO HVDC grid with large off-shore wind integration ［J］. Electric power systems esearch，2016，1（136）：281-288.

［11］ RUDDY J, MEERE R, O'DONNELL T. Low frequency AC transmission for offshore wind power：a review ［J］. Renewable & sustainable energy reviews，2016，4（56）：75-86.

［12］ RUDDY J, MEERE R, O'DONNELL T. Low frequency AC transmission as an alternative to VSC-HVDC for grid interconnection of offshore wind ［C］. 2015 IEEE eindhoven powertech，2015.

［13］ HULIO Z H, JIANG W. Wind climate parameters, performance and reliability assessment of wind energy farm ［J］. International journal of energy sector management，2017，11（3）：503-520.

［14］ D. TODD G, YODER N C, RESOR B, et al. Structural health and prognostics management for the enhancement of offshore wind turbine operations and maintenance strategies [J]. Wind energy, 2014, 11 (17): 1737-1751.

[15] HASAN K N, SAHA T K. Reliability and economic study of multi-terminal HVDC with LCC & VSC converter for connecting remote renewable generators to the grid [C]. General meeting of the IEEE power-and energy society, 2013.

[16] XIE J P, ZHANG W S, WEI L H, et al. Price optimization of hybrid power supply chain dominated by power grid [J]. Industrial management and data systems, 2019, 119 (2): 412-450.

[17] NIU D X, ZHAO W B, SONG Z Y. Research on decision makingof energy utilization project in China based on benefit evaluation [J]. International journal of energy sector management, 2019, 13 (1): 183-195.

[18] ARDAL A R, SHARIFABADI K, BERGVOLL O, et al. Challenges with integration and operation of offshore oil & gas platforms connected to an offshore wind power plant [C]. 11th petroleum and chemical industry Europe conference on electrical and instrumentation applications, 2014.

[19] FARAHMAND H, WARLAND L, HUERTAS-HERNANDO D. The impact of active power losses on the wind energy exploitation of the north sea [C]. EERA 11th deep sea offshore wind R and D conference, 2014.

[20] KONG L C, LIANG L, XU J H, et al. The optimization of pricing strategy for the wind power equipment aftermarket service [J]. Industrial management and data systems, 2019, 119 (3): 521-546.

[21] TANG M D, GU Y L, WANG S G, et al. Hot-line assembly strategy for connection fittings in 110kV intelligent substation [J]. Industrial robot, 2018, 45 (4): 539-548.

[22] TORBAGHAN S S, GIBESCU M, RAWN B G, et al. Investigating the impact of unanticipated market and construction delays on the development of a meshed HVDC grid using dynamic transmission planning [J]. Iet generation transmission & distribution, 2015, 9 (15): 2224-2233.

[23] HEIDARI A, ASLANI A, HAJINEZHAD A. Scenario planning of electricity supply system: case of Iran [J]. Journal of science and technology policy management, 2017, 8 (3): 299-330.

[24] JEDRYCZKA C, SZELAG W, KRYSTKOWIAK M, et al. Analysis of electromagnetic phenomena in modulated flux synchronous generator [J]. The international journal for computation and mathematics in electrical and electronic engineering, 2018, 37 (5): 1862-1869.

[25] TVETEN A G, KIRKERUD J G, BOLKESJ T F. Integrating variable renewables: the benefits of interconnecting thermal and hydropower regions [J]. International journal of energy sector management, 2016, 10 (3): 474-506.

[26] 闫庆友, 朱明亮. 基于 LCOE 法的风电并网经济性实证研究 [J]. 技术经济与管理研究, 2017, (11): 21-25.

[27] 周开乐, 沈超, 丁帅, 等. 基于遗传算法的微电网负荷优化分配 [J]. 中国管理科学, 2014, 22 (3): 68-73.

[28] 余波, 曹晨, 顾为东. 中国能源消费结构与风电/煤制天然气耦合经济性分析 [J]. 中国工程科学, 2015, 17 (3): 100-106.

[29] 王正明, 路正南. 风电成本构成与运行价值的技术经济分析 [J]. 科学管理研究, 2009, 27 (2): 51-54.

[30] 王正明, 路正南. 我国风电上网价格形成机制研究 [J]. 价格理论与实践, 2008, (9): 54-55.

[31] 邹钰洁, 唐忠, 晏武, 等. 基于风电消纳的多类型储能系统联合经济调度 [J]. 水电能源科学, 2019, 37 (4): 202-206.

[32] 栗楠, 王晓晨, 刘俊, 等. 高受电比例电网消纳大型海上风电的运营策略研究 [J]. 可再生能源, 2018, 36 (6): 902-910.

[33] 薛松, 屠俊明, 杨素, 等. 我国需求侧资源促进大规模间歇可再生能源并网消纳模式 [J]. 技术经济与管理研究, 2015 (7): 82-86.

[34] 邢家维, 何志恒, 金能, 等. 计及风电不确定性及排放影响的机组组合策略及其效益评估 [J]. 智慧电力, 2018, 46 (7): 7-13, 18.

[35] 石文辉, 白宏, 屈姬贤, 等. 我国风电高效利用技术趋势及发展建议 [J]. 中国工程科学, 2018, 20 (3): 51-57.

[36] 谷玉宝, 宋墩文, 李月乔, 等. 风电并网对电力系统小干扰稳定性的影响综述 [J]. 智能电网, 2016 (2): 157-165.

[37] 施泉生, 陈秋萍. 考虑风电并网的系统充裕度评估 [J]. 科技和产业, 2016, (1): 97-103.

[38] 张凌云, 余梦泽, 丁伯剑, 等. 考虑风功率预测的含风电电力系统调峰能力分析 [J]. 广东电力, 2015 (6): 12-16.

[39] 黄珺仪. 可再生能源发电产业电价补贴机制研究 [J]. 价格理论与实践, 2016 (2): 95-98.

[40] 刘光辉. 可再生能源发电对电力市场的影响研究 [J]. 科技经济导刊, 2017 (24): 198.

[41] 杨昆, 苟庆林, 夏能弘. 考虑需求侧响应的风电并网系统旋转备用优化 [J]. 水电能源科学, 2019, 37 (4): 197-201.

[42] 王虹, 蒋福佑. 中国风电并网现状、问题及管理策略研究 [J]. 经济研究参考, 2013 (51): 52-58.

[43] MUMAR D, VERMA Y P, KHANNA R. Demand response-based dynamic dispatch of microgrid system in hybrid electricity market [J]. International journal of energy sector management, 2019, 13 (2): 318-340.

[44] ALBADI M H, El-SAADANY E F. The role of taxation policy and incentives in wind-based distributed generation projects viability: ontario case study [J]. Renewable energy, 2009, 34 (10): 2224-2233.

［45］ JIANG W, ZAHID H H, HAROON R. Site specific assessment of wind characteristics and determination of wind loads effects on wind turbine components and energy generation ［J］. International journal of energy sector management, 2018, 12（3）: 341-363.

［46］ JAN S, RAM N, THOMAS P. Reducing cost of energy in the offshore wind energy industry: the promise and potential of supply chain management ［J］. International journal of energy sector management, 2016, 10（2）: 151-171.

［47］ ALHAM M, ELSHAHED M, IBRAHIM D, et al. A dynamic economic emission dispatch considering wind power uncertainty incorporating energy storage system and demand side management ［J］. Renewable energy, 2016（96）: 800-811.

［48］ NADINE G, THOMAS K. Determinants of policy risks of renewable energy investments ［J］. International journal of energy sector management, 2017, 11（1）: 28-45.

［49］ TOBIAS H, MICHAEL V B, KURT R, et al. Investigation on reliability-driven network expansions of offshore transmission systems ［C］. IEEE PES Innovative smart grid technologies conference Europe, 2016: 653-658.

［50］ ANESTIS A, GEORGIOS K, GEORGIOS A, et al. Hydrothermal coordination in power systems with large-scale integration of renewable energy sources ［J］. Management of environmental quality: an international journal, 2016, 27（3）: 46-258.

［51］ LUKAS W, REINHARD H, HANS A. Offshore wind power grid connection-the impact of shallow versus super-shallow charging on the cost-effectiveness of public support ［J］. Energy policy, 2011, 39（8）: 4631-4643.

［52］ DAWIT G, JAN B. Energy security, uncertainty and energy resource use options in Ethiopia: a sector modelling approach ［J］. International journal of energy sector management, 2017, 11（1）: 91-117.

［53］ KHANH Q. Imapacts of wind power generation and CO_2 emission constraints on the future choice of fuels and teehnologies in the power sector of vietnam ［J］. Energy policy, 2007（8）: 2305-2312.

［54］ ZAHARI A R, ESA E. Drivers and inhibitors adopting renewable energy: an empirical study in Malaysia ［J］. International journal of energy sector management, 2018, 12（4）: 581-600.

［55］ HALDAR S. Green entrepreneurship in the renewable energy sector : a case study of Gujarat ［J］. Journal of science and technology policy management, 2019, 10（1）: 234-250.

［56］ NGALA G M, ALKALI B, AJI M A. Viability of wind energy as a power generation source in Maiduguri, borno state, nigeria ［J］. Renewable energy, 2007, 32（13）: 2242-2246.

［57］ JUAN M L R, GERARDO J O, MIADREZA S K, et al. Analytical solution of dynamic economic dispatch considering wind generation ［C］. 2016 IEEE/PES transmission and distribution conference and exposition, T and D, 2016: 4-16.

[58] BACHIR B, SALIHA C, RAGAB A E S, et al. A chaotic krill herd algorithm for optimal solution of the economic dispatch problem [J]. International journal of engineering research in Africa, 2017 (31): 155-168.

[59] GEOFFREY W, STEPHEN D. The likely impact of reforming the renewables obligation on renewables targets [J]. International journal of energy sector management, 2010, 4 (2): 273-301.

[60] SHAHEEN A, FU X L, LEONARDO B, et al. MNEs' contribution to sustainable energy and development [J]. International business and management, 2017 (33): 195-224.

[61] ELDESOUKY A A. Security constrained generation scheduling for grids incorporating wind, photovoltaic and thermal power [J]. Electric power systems research, 2014, 116 (11): 284-292.

[62] SABBAGHI O, LI J, SABBAGHI N. Certified emission reduction credits and the role of investments: evidence from wind CDM projects in China [J]. International journal of energy sector management, 2018, 12 (3): 386-407.

[63] WALLMEIER F, THALER J. Mayors' leadership roles in direct participation processes-the case of community-owned wind farms [J]. International journal of public sector management, 2018, 31 (5): 617-637.

[64] XUE B, MA Z X, GENG Y, et al. A life cycle co-benefits assessment of wind power in China [J]. Renewable and sustainable energy reviews, 2015 (41): 338-346.

[65] PIETER D J, ASHER K, ANTONIO S S, et al. Integrating large scale wind power into the electricity grid in the Northeast of Brazil [J]. Energy, 2016 (100): 401-415.

[66] YE L, ZHANG C H, XUE H, et al. Study of assessment on capability of wind power accommodation in regional power grids [J]. Renewable energy, 2019 (4): 647-662.

[67] ALHMOUD L, WANG B. A review of the state-of the-art in wind-energy reliability analysis [J]. Renewable and sustainable energy reviews, 2018 (81): 1643-1651.

[68] MATTI L, MATTI K, RAHUL K, et al. Major factors contributing to wind power diffusion [J]. Foresight, 2014, 16 (3): 250-269.

[69] JAKOB R, DANIEL N, DANIEL C. Public policy and electrical-grid sector innovation [J]. International journal of energy sector management, 2015, 9 (4): 565-592.

[70] KEVIN J. Negative pricing in US electric power production and distribution [M]. Research in Finance, 2014 (29): 153-165.

[71] IDRISS E T, JAYANTHA P L. On the operation and maintenance practices of wind power asset: a status review and observations [J]. Journal of quality in maintenance engineering, 2012, 18 (3): 232-266.

[72] RISHABH A, NARAN M P. Opportunities and key challenges for wind energy trading with high penetration in Indian power market [J]. Energy for sustainable development, 2018 (47): 53-61.

[73] TIWARI P K, MISHRA M K, DAWN S. A two step approach for improvement of eco-

nomic profit and emission with congestion management in hybrid competitive power market [J]. International journal of electrical power and energy systems, 2019 (110): 548-564.

[74] REZA H, HOOSHMAND R A, AMIN K. Coordinated generation and transmission expansion planning in deregulated electricity marketconsidering wind farms [J]. Renewable energy, 2016 (85): 620-630.

[75] 薛松, 欧阳邵杰, 曾博, 等. 考虑风电出力及负荷预测误差的安全经济运行模型 [J]. 运筹与管理, 2017, 26 (5): 170-175.

[76] 魏亚楠, 牛东晓. 基于KKT和量子遗传算法的风火电联合上网最优决策 [J]. 运筹与管理, 2013, 22 (2): 105-110.

[77] 李学迁, 胡一竑. 基于网络均衡的电力市场排污权交易政策研究 [J]. 运筹与管理, 2013, 22 (1): 230-236.

[78] 刘洪伟, 郑飞, 杜文超, 等. 服务型制造模式下的风电场维护服务调度及服务成本研究 [J]. 运筹与管理, 2016, 25 (6): 242-249.

[79] 何哲, 孙林岩, 高杰, 等. 服务型制造在大型制造企业的应用实践 [J]. 科技进步与对策, 2009, 26 (9): 106-108.

[80] 史光耀, 邱晓燕, 李星雨, 陈科彬. 考虑需求侧资源的含风电电力系统两阶段优化调度 [J]. 科学技术与工程, 2018, 18 (5): 229-235.

[81] 陈美福, 夏明超, 陈奇芳, 等. 主动配电网源-网-荷-储协调调度研究综述 [J]. 电力建设, 2018, 39 (11): 109-118.

[82] 谢敏, 柯少佳, 胡昕彤, 等. 考虑风场高维相依性的电网动态经济调度优化算法 [J]. 控制理论与应用, 2019, 36 (3): 353-362.

[83] 梁吉, 左艺, 张玉琢, 等. 基于可再生能源配额制的风电并网节能经济调度 [J/OL]. [2019-05-17]. https://doi.org/10.13335/j.1000-3673.pst.2018.2187.

[84] 游大海, 潘凯, 王科, 等. 含风电场的电力系统协调优化调度的评价技术 [J]. 电力系统保护与控制, 2013, 41 (1): 157-163.

[85] 常俊晓, 游文霞, 肖隆恩. 含风电的发电资源优化调度与仿真研究 [J]. 计算机仿真, 2015, 32 (94): 120-124.

[86] 张刘冬, 殷明慧, 卜京, 等. 基于成本效益分析的风电抽水蓄能联合运行优化调度模型 [J]. 电网技术, 2015, 39 (12): 3386-3392.

[87] 金元, 金明成, 刘洋, 等. 多目标协同优化调度系统的设计 [J]. 电子技术与软件工程, 2017, (4): 47-48.

[88] 易琛, 任建文, 戚建文. 考虑需求响应的风电消纳模糊优化调度研究 [J]. 电力建设, 2017, 38 (4): 127-134.

[89] 李昂, 高瑞泽. 激发电力产业市场潜能: 对电网调度"虚拟集聚"的探索 [J]. 经济管理, 2015, 37 (5): 22-31.

[90] 张英杰. 可再生能源开发面临障碍及应对策略研究 [J]. 技术经济与管理研究, 2014, (1): 113-117.

[91] 晋宏杨，孙宏斌，牛涛，等. 考虑风险约束的高载能负荷-风电协调调度方法 [J/OL]. [2019-05-17]. http://kns. cnki. net/kcms/detail/32. 1180. TP. 20190412. 1422. 006. html.

[92] 赵晓丽，芦红. 影响风电优先调度的体制障碍及对策 [J]. 宏观经济管理，2013 (12)：46-48.

[93] 陈友骏. 日本能源困境下的电力系统改革 [J]. 太平洋学报，2016，24 (2)：54-64.

[94] 谭澈. 对新形势下电力系统供需互动问题的研究 [J]. 经营管理者，2017 (21)：123.

[95] 马连增，陈雪波. 网络化多机电力系统的分布协调控制和暂态联结稳定性分析 [J]. 控制与决策，2017，32 (11)：1980-1984.

[96] 刘秋华，冯奕. 海上风电节能减排指标体系的构建 [J]. 统计与决策，2017 (7)：61-63.

[97] 李娟，李龙，瞿慧，等. 风电入网合同机制研究 [J]. 管理科学学报，2016，19 (8)：43-53.

[98] 黄元生，崔勇，李建一. 安全约束条件下的经济调度优化模型研究 [J]. 运筹与管理，2014，23 (4)：191-195.

[99] 宋成华. 中国新能源的开发现状、问题与对策 [J]. 学术交流，2010 (3)：57-60.

[100] 张宏伟. 政策工具及其组合与海上风电技术创新和扩散：来自德国的考察 [J]. 科技进步与对策，2017，34 (14)：119-125.

[101] 韩秀云. 对我国新能源产能过剩问题的分析及政策建议：以风能和太阳能行业为例 [J]. 管理世界，2012，(8)：171-172，175.

[102] 汪雪锋，李兵，许幸荣，等. 基于形态分析法的创新导图构建及应用研究 [J]. 科学学研究，2014，32 (2)：178-183.

[103] 王晛，康小宁，张少华. 考虑发电商风险偏好的电力市场均衡分析 [J]. 系统工程理论与实践，2012，32 (8)：1850-1857.

[104] 王晛，王留晖，张少华. 风电商与 DR 聚合商联营对电力市场竞争的影响 [J]. 电网技术，2018，42 (1)：110-116.

[105] 张旭梅，童洁. 风电产业现代制造服务的商务模式研究 [J]. 科技进步与对策，2012，29 (10)：55-59.

[106] BART C U, MADELEINE G, ENGBERT P, et al. Impacts of wind power on thermal generation unit commitment and dispatch [J]. IEEE transactions on energy conversion, 2007, 22 (1)：44-51.

[107] STEINER A, KÖHLER C, METZINGER I, et al. Critical weather situations for renewable energies_Part A: cyclone detection for wind power [J]. Renewable energy, 2017 (101)：41-50.

[108] 卫鹏，刘建坤，周前，等. 基于随机潮流的新能源发电预测误差对电网影响研究 [J]. 电器与能效管理技术，2017，(2)：60-65，70.

［109］ JOEL I, KAZEM A, CHRISTOPHER D, et al. Through-life engineering services of wind turbines ［J］. Cirp journal of manufacturing science & technology, 2016（17）: 60-70.

［110］ MARTINEZ S M, ESCRIBANO A H, CARRETON M C, et al. Influence of wind power ramp rates in short-time wind power forecast error for highly aggregated capacity ［C］//International universities power engineering conference. 2016: 1-6.

［111］ SINHA S, CHANDRASEKHAR SARMA T V, MARY L R. Doppler feature based classification of wind profiler data ［C］//Journal of physics conference series. journal of physics conference series, 2017.

［112］ 陈昌松, 段善旭, 殷进军. 基于神经网络的光伏阵列发电预测模型的设计 ［J］. 电工技术学报, 2009（9）: 153-158.

［113］ LI L, WANG T, WANG X. Dynamic equivalent modeling of wind farm with DDPMSG wind turbine generators ［C］//International conference on power system technology. IEEE, 2014.

［114］ SANGITAB P, DESHMUKH S R. Use of support vector machine for wind speed prediction ［C］//International conference on power and energy systems. IEEE, 2011.

［115］ NAYAK A K, SHARMA K C, BHAKAR R, ET AL. ARIMA based statistical approach to predict wind power ramps ［C］//Power & energy society general meeting. IEEE, 2015: 1-4.

［116］ ZHANG C, WEI H, LIU T, et al. Short-term wind speed forecasting using a multi-model ensemble ［J］. Applied soft computing, 2018（71）: 905-916.

［117］ 温锦斌, 王昕, 李立学, 等. 基于频域分解的短期风电负荷预测 ［J］. 电工技术学报, 2013（5）: 66-72.

［118］ WATSON S J, LANDBERG L, HALLIDAY J A, et al. Application of wind speed forecasting to the integration of wind energy into a large scale power system ［J］. IEEE proceedings of generation transmission & distribution, 1994, 141（4）: 357-362.

［119］ JONATHAN C, JEREMY P, ANDREW T. Forecasting for utility-scale wind farms-the power model challenge ［C］. 2009 CIGRE/IEEE PES joint symposium integration of wide-scale renewable resources into the power delivery system, Canada, 2009: 1-10.

［120］ KALLIO E, DYADECHKIN S, WURZ P, et al. Wake and performance interference between adjacent wind farms: case study of Xinjiang in China by means of mesoscale simulations ［J］. Planetary and space science. 2018（8）: 1-14.

［121］ OUYANG T, ZHA X, QIN L. A combined multivariate model for wind power prediction ［J］. energy conversion & management, 2017（144）: 361-373.

［122］ 董振斌, 李义容, 李海思. 考虑风电功率与需求响应不确定性的备用容量配置 ［J］. 电力需求侧管理, 2017（1）: 29-34, 44.

［123］ MUNTEANU I, BESANÇON G. Identification-based prediction of wind park power generation ［J］. Renewable energy, 2016（97）: 422-433.

[124] SALEH A E, MOUSTAFA M S, ABO-AL-EZ K M, et al. A hybrid neuro-fuzzy power prediction system for wind energy generation [J]. International Journal of Electrical Power & Energy Systems, 2016 (74): 384-395.

[125] HEINERMANN J, KRAMER O. Machine learning ensembles for wind power prediction [J]. Renewable energy, 2016 (89): 671-679.

[126] CROONENBROECK C, AMBACH D. Censored spatial wind power prediction with random effects [J]. Renewable & sustainable energy reviews, 2015 (51): 613-622.

[127] ZHA X, OUYANG T, QIN L, et al. Selection of time window for wind power ramp prediction based on risk model [J]. Energy conversion & management, 2016 (126): 748-758.

[128] NAIK J, SATAPATHY P, DASH P K. Short-term wind speed and wind power prediction using hybrid empirical mode decomposition and kernel ridge regression [J]. Applied soft computing, 2018 (70): 1167-1188.

[129] NAIK J, BISOI R, DASH P K. Prediction interval forecasting of wind speed and wind power using modes decomposition based low rank multi-kernel ridge regression [J]. Renewable energy, 2018 (129): 357-383.

[130] 周杨. 初始化中心点优化的 K-means 算法 [J]. 科技信息, 2011 (4): 106.

[131] HOOLOHAN V, TOMLIN A, COCKERILL T. Improved near surface wind speed predictions using Gaussian process regression combined with numerical weather predictions and observed meteorological data [J]. Renewable energy, 2018 (126): 1043-1054.

[132] 张兆旭. 基于改进广义回归神经网络的短期电力负荷预测 [D]. 兰州: 甘肃农业大学, 2018.

[133] 张臻. 风电功率短期预测方法研究 [D]. 广州: 华南理工大学, 2010.

[134] LI C F, BOVIK A C, WU X J. Blind image quality assessment using a general regression neural network [J]. Neural Networks, IEEE transactions on, 2011, 22 (5): 793-799.

[135] 陈海燕, 刘新才. 有序用电工作的精细化管理过程 [J]. 电力需求侧管理, 2010, 12 (3): 30-33.

[136] 陈劲, 王涛. 实施有序用电管理浅谈 [J]. 农村电工, 2016, 24 (10): 6-7.

[137] 周洁. 县级供电企业有序用电的研究 [D]. 杭州: 浙江大学, 2011.